Chemie plus

W0323514

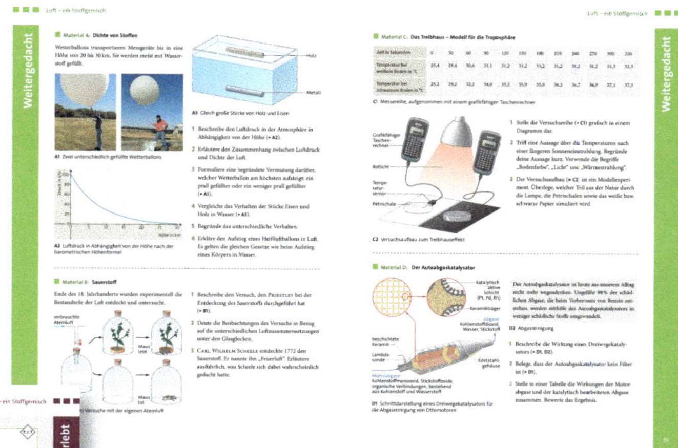

WEITERGEDACHT

Hier wird es knifflig: Ähnlich wie in einer Leistungskontrolle fordern dich diese Aufgaben heraus! Beschäftige dich zuerst mit dem vorgestellten Material, damit du diese Aufgaben lösen kannst.
Zusätzliche Aufgaben zur Überprüfung des Grundwissens findest du am Kapitelende unter *Teste dich*.

CHEMIE ERLEBT

Themen, die die Chemie lebendig machen: Energie, Umwelt, Geschichte, Gesundheit und mehr – mit Texten, Abbildungen und Experimenten, die tiefer in die Anwendungsbereiche der Chemie einsteigen lassen.

Chemie plus

Klasse 8
Gymnasium
Sachsen

VOLK UND WISSEN

Inhalt

✗ Wahlpflichtbereich

Erinnere dich

Das hast du in der 7. Klasse gelernt.

STOFFE

Eigenschaften

- Jeder Stoff besitzt eine für ihn typische Eigenschaftskombination.
- können mithilfe der Sinnesorgane sowie mit Hilfsmitteln und Messgeräten ermittelt werden

Bau

Veranschaulichung mithilfe des Teilchenmodells:

- Stoffe bestehen aus kleinsten, unteilbaren Teilchen.
- Teilchen sind in ständiger Bewegung.
- Zwischen den Teilchen wirken Kräfte.

Einteilung

Stoffgemische (homogen oder heterogen)

- keine einheitlich gleichbleibenden Eigenschaftskombinationen
- bestehen aus mindestens zwei Reinstoffen
- in Reinstoffe trennbar

wichtige Trennverfahren:

- Dekantieren
- Filtrieren
- Eindampfen
- Destillieren
- Chromatografieren

Reinstoffe

- bestehen aus einer Stoffart
- nicht weiter trennbar
- einheitlich gleichbleibende Eigenschaftskombination

WERKSTOFFE

Metalle
(Reinstoffe)

- metallischer Glanz
- leiten Wärme und elektrischen Strom
- gute Verformbarkeit
- aus regelmäßig angeordneten Metallatomen aufgebaut, die durch starke Anziehungskräfte zusammenhalten

Legierung
(homogenes Stoffgemisch)

- bestehen aus verschiedenen Metallen
- haben andere Eigenschaften als die reinen Metalle, aus denen sie hergestellt wurden

Modellvorstellung vom Atom: Kern-Hülle-Modell

Atomkern
- Protonen (elektrisch positiv geladen)

Atomhülle
- Elektronen (elektrisch negativ geladen)

Atome sind elektrisch neutral

PERIODENSYSTEM DER ELEMENTE

Anordnung der Elemente nach steigender Ordnungszahl

- in Gruppen (senkrechte Spalte)
- in Perioden (waagerechte Zeilen)

Ordnungszahl entspricht der Anzahl der Protonen im Kern eines Atoms dieses Elements

CHEMISCHE REAKTION

Stoffumwandlung
Ausgangsstoffe ⟶ Reaktionsprodukte

Energieumwandlung
Umwandlung von chemischer Energie in andere Energieformen oder umgekehrt

- Wärmeabgabe exotherme Reaktion
- Wärmeaufnahme endotherme Reaktion

Teilchenveränderung
Teilchen der Ausgangsstoffe ⟶ (Umordnung) Teilchen der Reaktionsprodukte

Veränderung des Zusammenhalts der Teilchen

Luft – ein Stoffgemisch

Luft gehört zu unseren wichtigsten Lebensgrundlagen, ohne sie wäre die Erde unbewohnbar. Sie ist unsichtbar und geruchlos, weshalb sie oft nicht wahrgenommen wird. Doch wir spüren sie bei Wärme und Kälte oder wenn sie sich bewegt. Ob beim Tauchen unter Wasser, beim Fliegen mit dem Ballon oder mit dem Hubschrauber, beim Haareföhnen oder beim Staubsaugen – für all diese Tätigkeiten benötigen wir Luft.

Luft zum Leben

Frische Luft – schlechte Luft Halten sich in einem Zimmer lange Zeit viele Menschen bei geschlossenem Fenster auf, sinkt der Volumenanteil an Sauerstoff im Raum. Es entsteht „schlechte" Luft. Durch Lüften wird die Luft des Zimmers gegen „frische", d. h. sauerstoffreiche Luft ausgetauscht.

1 „Grüne Lungen" der Erde – Satellitenbild der NASA

Sauerstoffvorräte der Erde Jährlich werden durch Fotosynthese weltweit etwa 4,6 Billionen Tonnen Sauerstoff erzeugt. Dabei sind die Regenwälder die bedeutendsten Sauerstofflieferanten. Sie werden auch als „grüne Lungen" der Erde bezeichnet. Neben dem frei verfügbaren Sauerstoff der Lufthülle kommt Sauerstoff auch in gebundener Form vor, z. B. in Mineralien, Salzen und im Wasser.

2 Die Sauerstoffproduktion eines Baumes ist von vielen Faktoren abhängig, z. B. von der Baumart, seinem Alter und vom Klima. Durchschnittlich produziert ein Baum etwa 3 500 Liter Sauerstoff pro Tag.

Die Atmosphäre hat sich entwickelt Die Lufthülle der Erde wird als Atmosphäre bezeichnet. Sie lässt sich in mehrere Schichten einteilen, deren Übergänge z. T. fließend sind. Das Leben und das Wetter spielen sich in der Troposphäre ab. Das vor der gefährlichen UV-Strahlung schützende Ozon (Ozonschicht) befindet sich in der Stratosphäre.

Die Entwicklung der Atmosphäre begann vor etwa 4,6 Milliarden Jahren. Die Uratmosphäre war sauerstofffrei. Erste Einzeller im Urozean nutzten das Sonnenlicht zur Energiegewinnung. Durch Fotosynthese konnten sie aus Wasser und Kohlenstoffdioxid organische Verbindungen wie Traubenzucker bilden. Als „Abfallprodukt" setzten sie Sauerstoff frei. Dieser reicherte sich nach und nach in der Atmosphäre an. Unsere heutige Atmosphäre enthält rund 10^{15} Tonnen Sauerstoff.

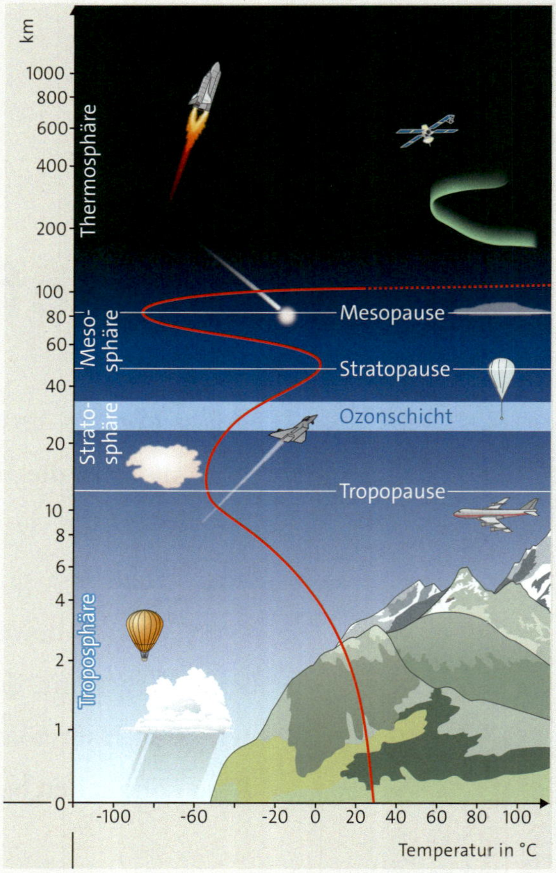

3 Aufbau der Atmosphäre

Wenn die Luft knapp wird ... Je höher ein Bergsteiger kommt, desto weniger Luft umgibt ihn. In 5 000 bis 6 000 m Höhe sind z. B. nur noch halb so viele Sauerstoffteilchen pro Liter Luft enthalten wie auf Meereshöhe. Auf dem Gipfel des Mount Everest (8 848 m) sind es nur noch ein Drittel. In den Anden (Südamerika) und im Himalaja (Asien) gibt es menschliche Siedlungen in Höhen von über 5 000 Metern (▸5). Ihre Bewohner weisen als Anpassung an die geringe Verfügbarkeit von Sauerstoff eine erhöhte Anzahl an roten Blutkörperchen auf.

5 Das Kloster Rongbuk am Fuße des Mount Everest auf einer Höhe von 5 030 m

Exp. 1 **Sauerstoffanteil in der Luft**

Schiebe Eisenwolle in ein Quarzglasrohr ($l \approx 20$ cm, $d = 8$ mm) und verschließe es mit einem Stopfen, durch den ein Glasrohr führt. Blase einen Luftballon auf. Lass die Luft wieder heraus, ziehe ihn über das Glasrohr im Stopfen und befestige ihn mit einem Gummi. Sauge 50 ml Luft in den Kolbenprober. Erhitze die Eisenwolle mit der rauschenden Brennerflamme. Drücke die Luft während des Erhitzens mehrmals über die Eisenwolle. Lies nach dem Erkalten und dem Entleeren des Luftballons das Luftvolumen am Kolbenprober ab.
Ermittle das verbrauchte Volumen Luft.
Vergleiche dein Ergebnis mit dem Literaturwert.
Entsorgung: Eisenwolle in den Hausmüll geben.

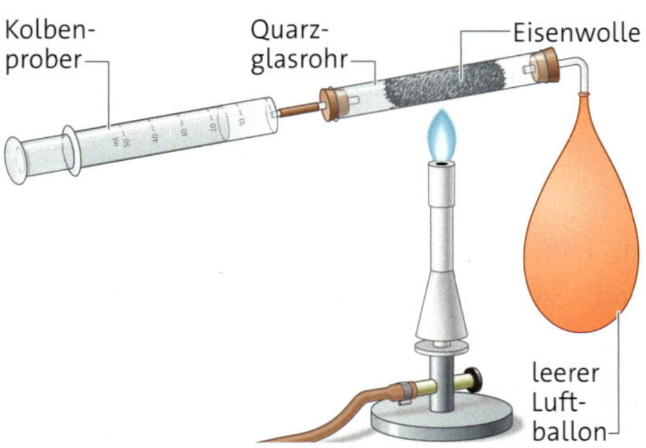

Info 1 **Feuerluft**

In der Antike war nicht klar, welche Rolle das Urelement Luft bei der Verbrennung von Stoffen spielte. Zwischen 1770 und 1772 hatten der Schwede CARL WILHELM SCHEELE und der Engländer JOSEPH PRIESTLEY durch Experimente ermittelt, dass nur ein Fünftel der Luft bei der Verbrennung verbraucht wird. SCHEELE bezeichnete diesen Teil der Luft als „Feuerluft". ANTOINE LAURENT DE LAVOISIER kam 1777 zu der Erkenntnis: „Bei der Verbrennung der Metalle kommt es zur Vereinigung der Metalle mit Lebensluft." Diese bezeichnete er später als Sauerstoff.

Aufgaben

1 Informiere dich über die „grünen Lungen" der Erde. Wo befinden sich die größten Regenwälder?

2 Berechne, wie viel Sauerstoff du in Ruhe und bei schwerer Arbeit innerhalb einer Stunde verbrauchst. Bringe deinen Verbrauch mit der Produktionsleistung eines Baumes in Verbindung.

Tätigkeit	keine (in Ruhe)	leichte Arbeit	mittelschwere Arbeit	schwere Arbeit	kurzzeitige Spitzenleistung
Sauerstoffverbrauch in cm^3/min	150–300	1 000–1 200	1 600–1 950	2 000–2 600	3 000–4 600

4 Sauerstoffverbrauch bei verschiedenen Tätigkeiten

Luft und ihre Bestandteile

Einen Luftzug spüren wir auf der Haut, sehen können wir die Luft jedoch nicht. Dabei ist Luft nicht einfach nur durchsichtig, sondern kann verschiedene Stoffe enthalten, z. B. Wasserdampf in Form von Wolken.

1 Vom Weltall aus betrachtet erscheint die Atmosphäre der Erde hauchdünn.

2 Magdeburger Halbkugelversuch

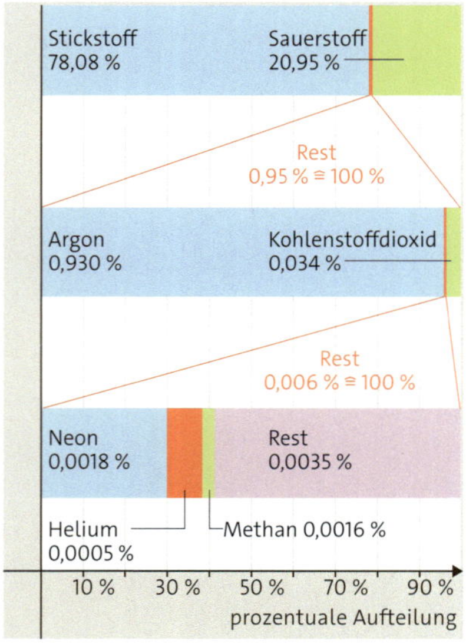

3 Zusammensetzung trockener Luft

Die Lufthülle der Erde Lebewesen benötigen Luft zum Atmen. Wir Menschen können nur kurzzeitig die Luft anhalten. Meteoriten verglühen, aufgeheizt durch Reibung, an den Teilchen der Luft.

Die gesamte Erde ist von einer Lufthülle umgeben: der Atmosphäre. Sie erstreckt sich bis in eine Höhe von über 1 000 km, bevor sie fließend in das Weltall übergeht.

Auf Meeresspiegelhöhe beträgt der Luftdruck etwa 1 013 hPa. Auf eine Fläche von 1 m^2 wirkt dabei eine Kraft, die der Gewichtskraft von 10 Tonnen entspricht. Mit zunehmender Höhe verringert sich der Luftdruck. Dass der Luftdruck eine solch große Kraft hat, wies der Gelehrte OTTO VON GUERICKE (1602–1686) 1657 in seinem Magdeburger Halbkugelversuch eindrucksvoll nach (▸ 2). Selbst Pferde waren nicht in der Lage, zwei luftleer gepumpte Halbkugeln gegen den Widerstand des Luftdrucks zu trennen.

Luft – ein Stoffgemisch Luft besteht fast ausschließlich aus den Gasen **Stickstoff** und **Sauerstoff** – alle anderen Bestandteile sind nur in geringen Mengen enthalten (▸ 3). Ein weiterer Bestandteil zeigt sich durch Tau und Reif auf Pflanzen und Dächern. Diese Erscheinungen sind auf **Wasserdampf** zurückzuführen, der kondensiert bzw. gefriert. Bei einer Temperatur von 20 °C kann 1 m^3 Luft maximal 17 g Wasserdampf aufnehmen. Diese relative Luftfeuchtigkeit beträgt dann 100 %. Neben diesen natürlichen Luftbestandteilen enthält die Luft auch Luftschadstoffe wie Stickstoffoxide, Kohlenstoffmonooxid und Ozon.

Luft ist ein Stoffgemisch aus Stickstoff, Sauerstoff, Edelgasen und Kohlenstoffdioxid. Sie kann weiterhin Wasserdampf und Luftschadstoffe enthalten.

Auffangen von Gasen

Um mit Gasen experimentieren zu können, werden Gasportionen benötigt, die frei von anderen Gasen, also auch frei von Luft sind. Welche Methode zum Auffangen eines Gases verwendet wird, ist von seinen Eigenschaften abhängig.

Auffangen von Gasen durch Luftverdrängung
Gase lassen sich auffangen, indem sie in ein Auffanggefäß eingeleitet werden. Das eingeleitete Gas verdrängt die im Auffanggefäß enthaltene Luft.

1 Richte bei Gasen mit kleinerer Dichte als Luft ($\varrho = 1{,}29\ g/l$) die Öffnung des Auffanggefäßes nach unten, bei größerer Dichte nach oben.
Ein Gas mit einer kleineren Dichte als Luft ist z. B. Helium. Eine größere Dichte als Luft besitzt z. B. Kohlenstoffdioxid.

2 Leite das Gas genügend lange in das Auffanggefäß.

3 Arbeite bei giftigen Gasen unter dem Abzug!

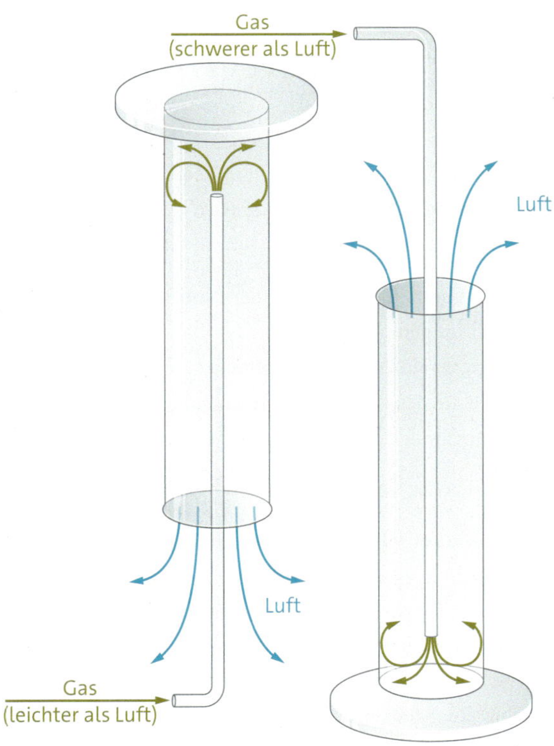

1 Auffangen von Gasen durch Luftverdrängung

Auffangen von Gasen durch Flüssigkeitsverdrängung (pneumatisches Auffangen)
Bei dieser Methode wird ein mit Wasser gefülltes Auffanggefäß mit der Öffnung nach unten in eine mit Wasser gefüllte Wanne gestellt. Das Wasser wird als Sperrflüssigkeit bezeichnet. Das Gas wird in das Auffanggefäß geleitet. Dabei verdrängt es nach und nach das Wasser. Die Methode kann nur angewendet werden, wenn sich das betreffende Gas kaum in der Sperrflüssigkeit löst und nicht mit ihr reagiert.
Mit dieser Methode kann z. B. Sauerstoff aufgefangen werden.

1 Fülle eine pneumatische Wanne etwa zu zwei Dritteln mit Wasser.

2 Lege ein Reagenzglas so unter Wasser, dass die Luft ganz entweicht.

3 Stelle das Gas her.
Um Sauerstoff herzustellen, baue die Apparatur wie in der Abbildung auf. Befestige das Reagenzglas mit Ansatzrohr an einem Stativ. Lass die Wasserstoffperoxidlösung auf die Braunsteintabletten tropfen. Warte einen Moment, bis die Luft aus der Apparatur entwichen ist.

4 Richte das Reagenzglas in der Wanne mit der Öffnung nach unten auf.

5 Fange das Gas auf.
Halte das Reagenzglas so über das Gasableitungsrohr, dass das Gas im Reagenzglas aufsteigen kann.

6 Verschließe nach dem Füllen das Reagenzglas unter Wasser mit dem Stopfen.

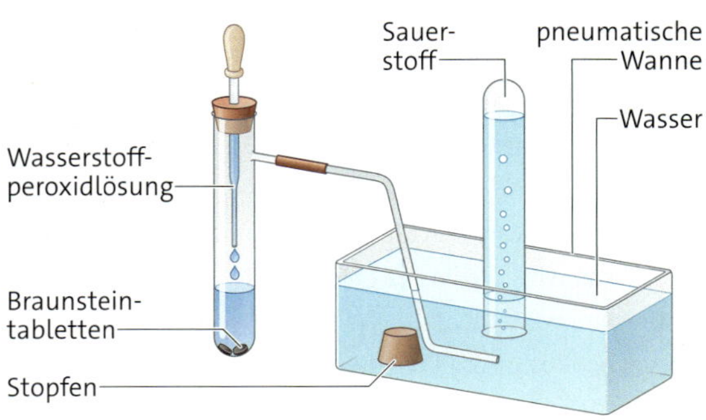

2 Pneumatisches Auffangen von Sauerstoff

Bestandteile der Luft

Exp. 1 Herstellung von Sauerstoff aus Kaliumpermanganat

Vorsicht! Gib in ein Reagenzglas zwei Spatelspitzen Kaliumpermanganat (GHS03|07|09). Erhitze das Kaliumpermanganat mit dem Brenner. Teste das entweichende Gas mit der Glimmspanprobe. Deute das Ergebnis.
Entsorgung: Kaliumpermanganat in den Sammelbehälter für giftige anorganische Abfälle geben, Holzspane einsammeln.

Exp. 2 Herstellung von Sauerstoff aus Braunstein

Gib in ein Reagenzglas einen Spatellöffel Braunstein. Erhitze den Braunstein langsam mit kleiner Brennerflamme und fange das entstehende Gas (GHS03) pneumatisch in zwei Reagenzgläsern auf. Verschließe die Reagenzgläser unter Wasser mit einem Stopfen.
Vorsicht: Vor dem Entfernen der Brennerflamme den Stopfen mit der Gasableitung lösen!
Beobachte die Gasentwicklung, wenn unterschiedlich stark erhitzt wird.
Führe mit dem aufgefangenen Gas die Glimmspanprobe durch.
Entsorgung: Feststoff in den Hausmüll geben.

Exp. 3 Herstellung von Sauerstoff aus Oxi-Reiniger

Gib etwa 2 cm hoch Oxi-Reiniger in ein Reagenzglas und verschließe es mit einem durchbohrten Stopfen mit gebogenem Glasrohr. Erhitze das Reagenzglas und fange das entstehende Gas (GHS03) pneumatisch auf.
Beobachte die Gasentwicklung, wenn unterschiedlich stark erhitzt wird. Prüfe das entstehende Gas mit der Glimmspanprobe.
Entsorgung: Reste vom Oxi-Reiniger in den Hausmüll geben.

Exp. 4 Glimmspanprobe

Entzünde einen längeren Holzspan. Warte, bis er richtig brennt. Blase die Flamme aus. Tauche den Span mit der glimmenden Spitze nacheinander in die Reagenzgläser (GHS03) aus Experiment 1, 2 oder 3.

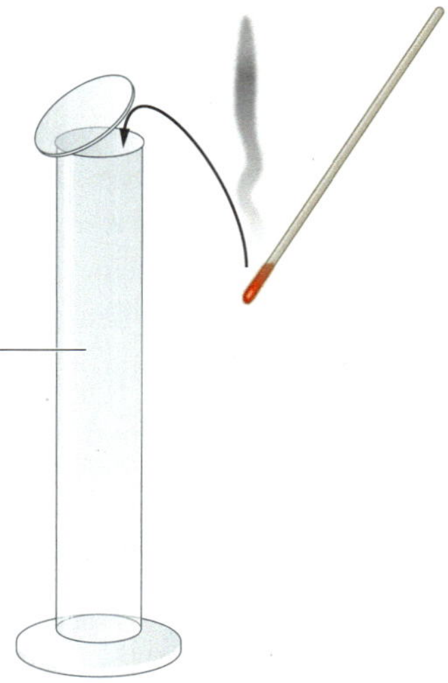

Notiere deine Beobachtungen.
Entsorgung: Holzspäne einsammeln.

Exp. 5 Brennbarkeit von Stickstoff

Tauche einen brennenden Holzspan in einen mit Stickstoff gefüllten Standzylinder. Notiere deine Beobachtungen.
Entsorgung: Holzspäne einsammeln.

Exp. 6 Dichte von Sauerstoff

Befestige zwei mit Sauerstoff (GHS03) gefüllte, verschlossene Reagenzgläser mit der Öffnung nach oben bzw. nach unten an einem Stativ. Entferne die Stopfen und führe nach 3 min die Glimmspanprobe durch. Ziehe aus den Beobachtungen Rückschlüsse auf die Dichte von Sauerstoff.
Entsorgung: Holzspäne einsammeln.

Exp. 7
Bildung von Sauerstoff durch Fotosynthese

Fülle zwei Bechergläser mit einigen Trieben Wasserpest. Stülpe über die Pflanzen einen Pulvertrichter. Fülle die Bechergläser mit Wasser und stülpe jeweils ein mit Wasser gefülltes Reagenzglas auf den Pulvertrichter. Setze ein Becherglas der direkten Sonnenstrahlung aus, schütze das andere mit einer schwarzen Pappe vor jedem Lichtzutritt. Vergleiche nach 3 bis 5 Tagen die entstandenen Gasvolumen. Führe die Glimmspanprobe durch.

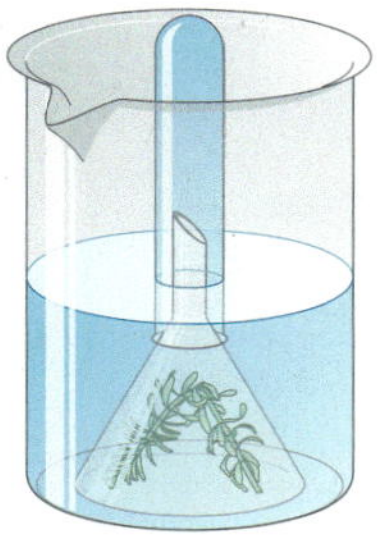

Entsorgung: Pflanzenreste in den Hausmüll, Flüssigkeiten in das Abwasser geben.

Exp. 8
Ermitteln des Sauerstoffanteils der Luft

Tauche entfettete Eisenwolle in ein Becherglas mit Kochsalzlösung und schiebe sie anschließend in ein großes Reagenzglas. Stelle das Reagenzglas mit der Öffnung nach unten in eine mit Wasser gefüllte Kristallisierschale, sodass das Wasser als Sperrflüssigkeit dient. Ziehe eine Spritze mit Luft auf. Befülle das Reagenzglas in 5-ml-Schritten mit der Luft aus der Spritze. Markiere mit einem Filzstift jeweils den Wasserstand im Reagenzglas.

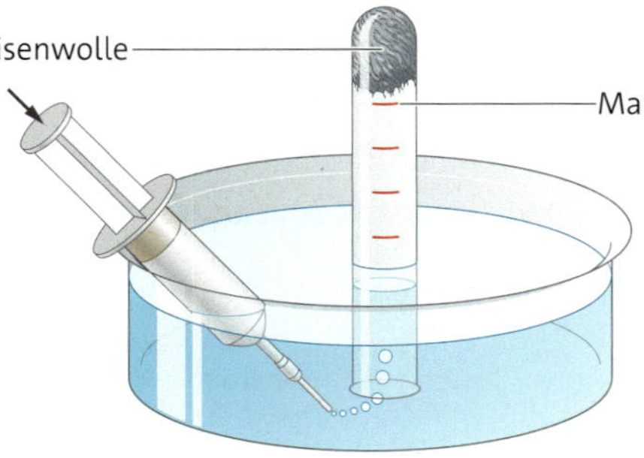

Notiere nach einem Tag den Wasserstand anhand der Markierung. Betrachte auch die Eisenwolle. Bestimme das Volumen an verbrauchtem Gas mithilfe der Markierung. Vergleiche mit dem ursprünglichen Gasvolumen zu Versuchsbeginn.
Entsorgung: Eisenwolle in den Hausmüll und Flüssigkeiten in das Abwasser geben.

Exp. 9
Nachweis der gelösten Luft in Wasser

Fülle ein Becherglas mit Wasser und stelle einen Trichter mit dem Auslaufrohr nach oben in das Becherglas. Stülpe auf den Trichter ein vollständig mit Wasser gefülltes Reagenzglas. Erhitze im Anschluss das Wasser auf 80 °C.
Notiere deine Beobachtungen.
Entsorgung: Flüssigkeiten in das Abwasser geben.

Exp. 10
Dichte von Kohlenstoffdioxid

Befestige mithilfe von Blumendraht drei Kerzen in unterschiedlicher Höhe an einem Holzstück. Entzünde die Kerzen und stelle sie in ein ausreichend großes Becherglas. Gib anschließend in einen gleich großen Erlenmeyerkolben einen vollen Spatel Natron und tropfe vorsichtig 10 ml Speiseessig hinzu. Stelle den Erlenmeyerkolben auf den Tisch und warte etwa 30 s. Gieße das entstandene Gas wie eine Flüssigkeit in das Becherglas, ohne die Lösung mit auszukippen.

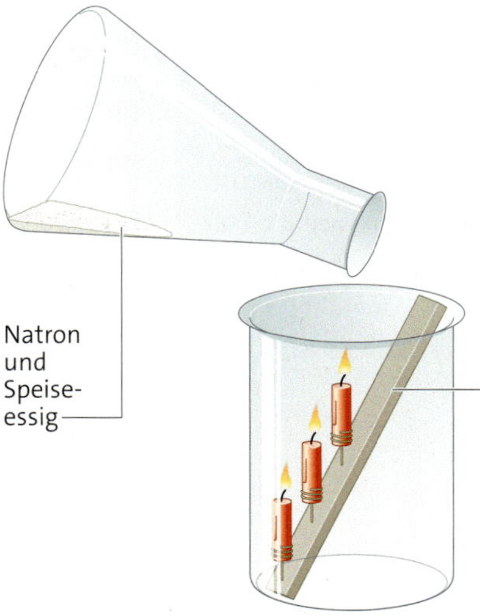

Notiere deine Beobachtungen. Finde eine Erklärung für deine Beobachtungen.
Entsorgung: Kerzentreppe einsammeln. Reste im Erlenmeyerkolben in das Abwasser geben.

Sauerstoff und Stickstoff

Sauerstoff ist lebensnotwendig – er wird für die Atmung benötigt. Sauerstoff kann aber auf Dauer auch schädlich sein, wenn er in reiner Form eingeatmet wird. Zur äußeren Anwendung wird er jedoch in der Naturheilpraxis angewendet.

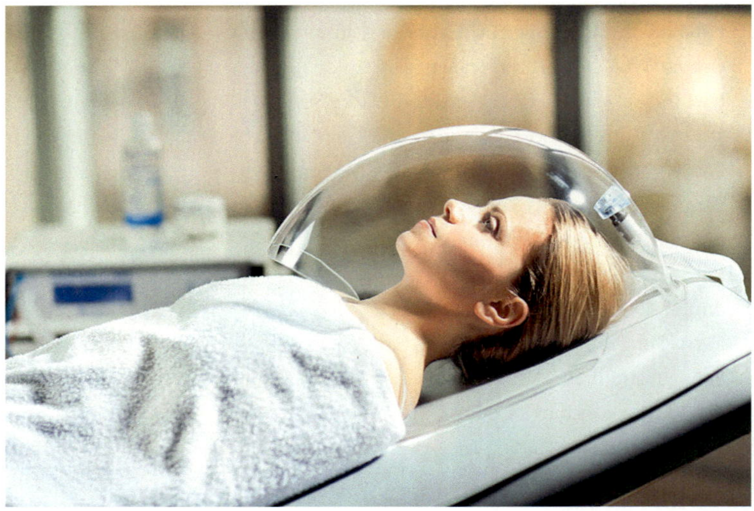

1 Sauerstofftherapie für eine straffe Haut ...

Darstellung von Sauerstoff Sauerstoff lässt sich aus Stoffen gewinnen, die leicht Sauerstoff abgeben, z. B. Wasserstoffperoxid und Kaliumpermanganat. Wasserstoffperoxid setzt Sauerstoff frei, wenn es auf Braunstein getropft wird (▸ S. 13). Kaliumpermanganat, Braunstein und Oxi-Reiniger geben beim Erhitzen Sauerstoff ab (▸ Exp. 1–3, S. 14). Grüne Pflanzen bilden Sauerstoff durch Fotosynthese (▸ Exp. 7, S. 15). Der entstandene Sauerstoff kann pneumatisch aufgefangen werden.

Nachweis von Sauerstoff Sauerstoff gehört zu den Nichtmetallen. Obwohl er selbst nicht brennt, ist er für die Verbrennung anderer Stoffe notwendig. Reiner Sauerstoff fördert die Verbrennung. Diese Eigenschaft wird zum Nachweis durch die **Glimmspanprobe** genutzt. Dabei flammt ein glimmender Holzspan hell auf, wenn er in ein mit Sauerstoff gefülltes Gefäß getaucht wird (▸ Exp. 4, S. 14). Sauerstoff ist reaktionsfreudig, weil das Gas leicht mit anderen Stoffen reagiert.

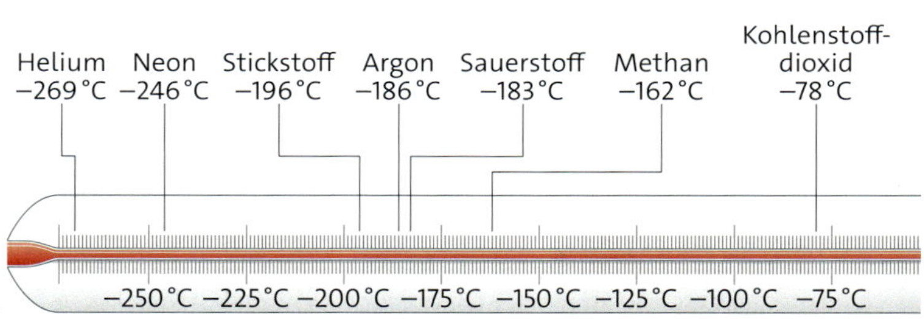

3 Siedetemperaturen (Kohlenstoffdioxid: Sublimationstemperatur)

Verwendung und Bedeutung von Sauerstoff Für die Atmung benötigen fast alle Lebewesen Sauerstoff. Der Volumenanteil des Sauerstoffs an der Luft beträgt etwa 21 % (▸ Exp. 8, S. 15). Sinkt der Volumenanteil von

Info

Industrieller Sauerstoff wird durch Destillation aus verflüssigter Luft nach einem Verfahren von Carl von Linde gewonnen. Dazu wird die Luft durch abwechselnde Kompression und Expansion so weit abgekühlt, dass sich ihre Bestandteile nach und nach verflüssigen.

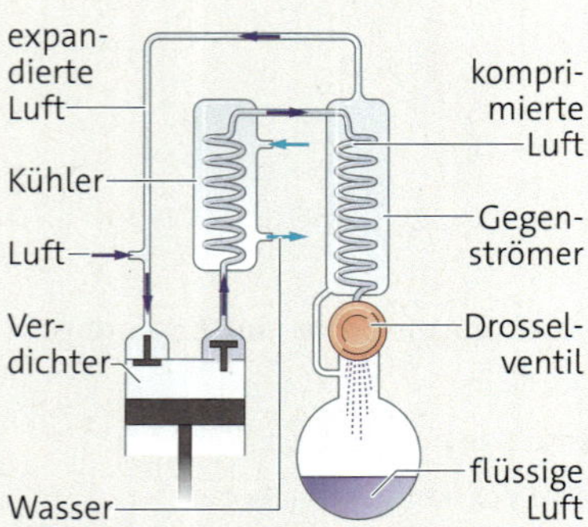

2 Schema zur Luftverflüssigung: Genauso wie sich Luft in einer Fahrradpumpe durch Kompression erwärmt, kühlt sie sich beim Ausdehnen ab.

Sauerstoff in der Einatemluft unter 7 %, so kann das bei Menschen zu Bewusstlosigkeit und bei unter 3 % zum Tod durch Ersticken führen. In der Ausatemluft des Menschen ist noch ein Volumenanteil von etwa 16 % enthalten. In sehr hohen Konzentrationen ist Sauerstoff auf Dauer gesundheitsschädigend.

Luftsauerstoff wird z. B. in Kraftwerken und Automotoren für dort ablaufende chemische Reaktionen verbraucht. Reiner Sauerstoff wird überall da verwendet, wo Reaktionen unter hohen Temperaturen durchgeführt werden sollen, z. B. beim Schweißen. In der Medizin wird er in Beatmungsgeräten eingesetzt.
Flüssiger Sauerstoff wird in der Raumfahrt als Raketentreibstoff genutzt. Reisende in Flugzeugen benötigen in großen Höhen eine mit Sauerstoff angereicherte Atemluft, um einen ausreichenden Volumenanteil an Sauerstoff zu gewährleisten. Weiterhin wird Sauerstoff u. a. beim Bleichen und in der biologischen Abwasserreinigung eingesetzt.

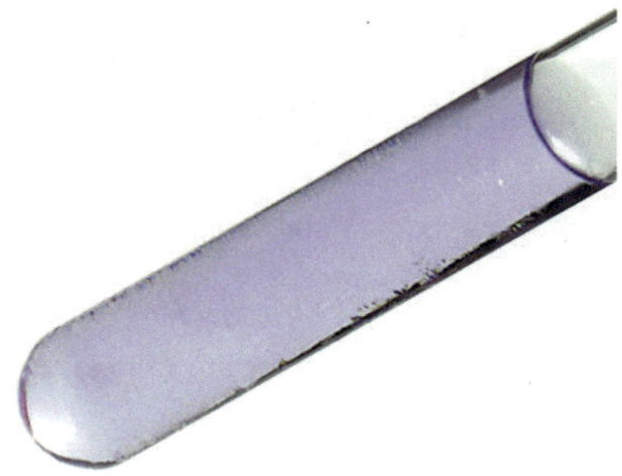

4 Flüssiger Sauerstoff ist bläulich.

Nachweis von Stickstoff Ebenso wie Sauerstoff ist Stickstoff ein Nichtmetall. Er ist nicht brennbar, erstickt aber die Flamme (▸ Exp. 5, S. 14). Der eigentliche Nachweis von Stickstoff ist recht kompliziert. Durch die flammenerstickende Wirkung lässt sich zumindest ein Hinweis auf das Vorhandensein von reinem Stickstoff gewinnen. Stickstoff bezeichnet man als reaktionsträge, weil er kaum mit anderen Stoffen reagiert.

Verwendung und Bedeutung von Stickstoff Aufgrund seiner Reaktionsträgheit wird Stickstoff als Füllgas für Reifen verwendet. Auch wird er als Schutzgas beim Schweißen und bei der Verpackung von Lebensmitteln eingesetzt, wodurch sich die Haltbarkeitsdauer der Lebensmittel verlängert. Auch in Druckflaschen für Taucher ist das Gas enthalten. Im Labor werden häufig Apparaturen mit Stickstoff gefüllt, um sie sauerstofffrei zu machen. Flüssiger Stickstoff dient als Kühlmittel für Lebensmittel oder in der Medizin zum Schockgefrieren von Gewebeteilen. Außerdem ist er ein wesentlicher Ausgangsstoff für die Produktion von Ammoniak, aus dem u. a. Düngemittel hergestellt werden. Stickstoff kommt in gebundener Form in Eiweißen vor.

5 Röhrchen mit gefrorenen Tierembryonen werden aus flüssigem Stickstoff entnommen.

Eigenschaften	Sauerstoff	Stickstoff
Farbe (Gas)	farblos	farblos
Geruch	geruchlos	geruchlos
Schmelztemperatur	–219 °C	–210 °C
Siedetemperatur	–183 °C	–196 °C
Dichte bei 0 °C	1,43 g/l	1,25 g/l
Löslichkeit in Wasser (0 °C / Normdruck)	wenig: 70,2 mg/l	wenig: 29,0 mg/l
Fördert die Verbrennung	ja	nein

6 Eigenschaften von Sauerstoff und Stickstoff (▸ Exp. 5, 6, 9, S. 14/15)

Sauerstoff und Stickstoff sind die Hauptbestandteile der Luft. Sauerstoff wird mit der Glimmspanprobe nachgewiesen. Erstickt eine Flamme, ist dies ein Hinweis auf Stickstoff.

Aufgaben

1 Ein Mensch atmet täglich etwa 10 000 Liter Luft ein. Berechne das Volumen des Sauerstoffanteils.

2 Erkundige dich im Internet über die verschiedenen Arten der Füllung von Druckgasflaschen für Taucher.

3 Erläutere, warum Bergsteiger ab etwa 4 000 m Höhe Sauerstoffgeräte benutzen.

Reaktionen von Kohlenstoff und Schwefel

Exp. 11 Herstellung von Kohlenstoffdioxid

Gib in ein Reagenzglas eine zerbröselte Brausetablette und tropfe anschließend etwas Wasser dazu. Verschließe das Reagenzglas mit einem durchbohrten Stopfen mit Schlauchansatz. Fange das Gas durch Luftverdrängung auf.

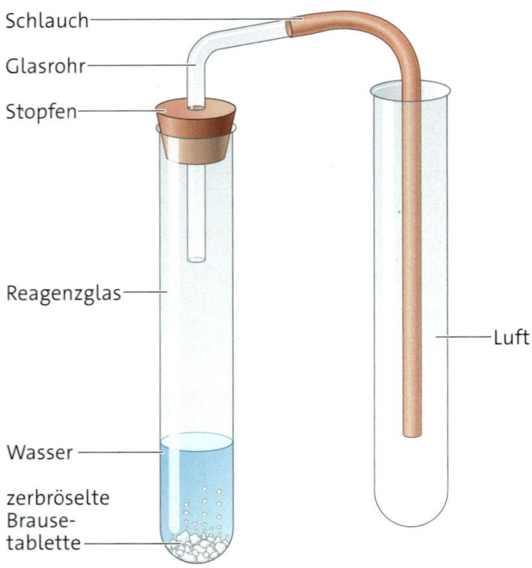

Notiere deine Beobachtungen. Stelle eine Vermutung auf, warum das Gas nicht pneumatisch aufgefangen werden sollte.
Entsorgung: Reste vollständig auflösen und ins Abwasser geben.

Exp. 12 Verbrennen von Holzkohle in Luft und in Sauerstoff

Gib auf zwei Verbrennungslöffel Holzkohle und erhitze sie zum Glühen. Tauche einen Löffel in einen mit Luft gefüllten Standzylinder, den anderen Löffel in einen Standzylinder mit Sauerstoff (GHS03) und verschließe beide Standzylinder mit einem Stopfen. Führe nach der Reaktion in jedem Standzylinder die Glimmspanprobe durch. Beobachte genau und vergleiche deine Beobachtungsergebnisse.
Entsorgung: Geräte unter dem Abzug lüften.

Exp. 13 Verbrennen von Schwefel an der Luft und in Sauerstoff

Vorsicht! Unter dem Abzug arbeiten! Bohre vorsichtig einen Eisendraht durch einen Stopfen. Erwärme den Draht, tauche ihn in Schwefelpulver. Entzünde den Schwefeltropfen am Draht (GHS07), tauche den Draht in einen Rundkolben mit Sauerstoff und verschließe den Rundkolben sofort mit dem Stopfen. Wiederhole das Experiment mit Luft statt mit Sauerstoff.
Beobachte die Flamme und vergleiche die Beobachtungsergebnisse.
Entsorgung: Geräte unter dem Abzug gut lüften.

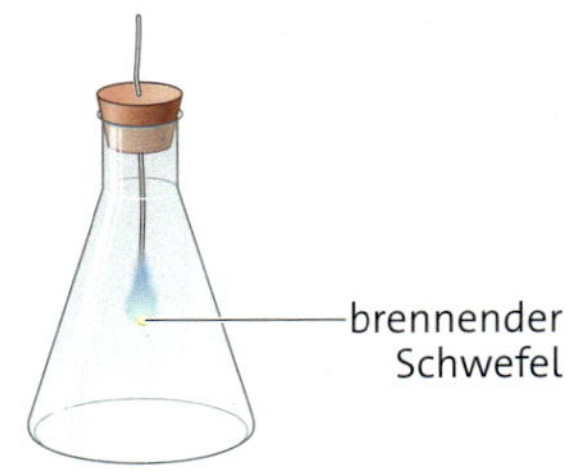

Exp. 14 Wirkung von Schwefeldioxid auf Pflanzenblüten

Vorsicht! Unter dem Abzug arbeiten! Hänge mehrere angefeuchtete farbige Pflanzenblüten, z. B. Alpenveilchen, in eine Glasglocke. Entzünde etwa 1 g Schwefel in einer Abdampfschale (GHS07). Stülpe die Glasglocke mit den Blüten über den brennenden Schwefel.

Beobachte die Pflanzenblüten und beschreibe deine Eindrücke. Deute das Ergebnis.
Entsorgung: Geräte unter dem Abzug gut lüften.

Nichtmetalloxide

Kohlenstoffdioxid und Schwefeldioxid als Verbrennungsprodukte Kohlenstoffdioxid und Schwefeldioxid entstehen beim Verbrennen fossiler Brennstoffe wie Holz, Kohle, Erdöl und Erdgas sowie beim Verbrennen von Benzin und Diesel in Motoren (► Exp. 12, 13). Bei einer Verbrennung handelt es sich um eine schnell ablaufende Reaktion, bei der ein Stoff mit Sauerstoff unter Entwicklung hoher Temperaturen und Lichterscheinungen reagiert. Kohlenstoffdioxid entsteht außerdem bei der Atmung und dem biologischen Abbau von Stoffen. Schwefeldioxid wird zusammen mit anderen Gasen bei Vulkanausbrüchen freigesetzt.

1 Vulkanausbruch

Eigenschaften und Bedeutung von Kohlenstoffdioxid Kohlenstoffdioxid ist ein farbloses, geruchloses und nicht brennbares Gas mit einer größeren Dichte als Luft (► Exp. 10, S. 15). Da es die Verbrennung nicht unterhält, wird es als Feuerlöschmittel eingesetzt. In Wasser ist es gut löslich. In gelöster Form ist es in Erfrischungsgetränken enthalten (► Exp. 11). Kohlenstoffdioxid ist im Kreislauf der Natur unentbehrlich. In den grünen Teilen von Pflanzen werden unter Einfluss des Sonnenlichts aus Kohlenstoffdioxid und Wasser für die Pflanzen wichtige Stoffe gebildet (Fotosynthese), die Menschen und Tiere in Form der Nahrung zu sich nehmen.

Eigenschaften und Bedeutung von Schwefeldioxid Dieses giftige Gas riecht charakteristisch und reizt die Schleimhäute. Es wirkt Insekten tötend und hemmt das Wachstum von Mikroorganismen. Besonders giftig wirkt Schwefeldioxid auf Pflanzen, insbesondere auf Bäume (► Exp. 14). Zusammen mit Luftfeuchtigkeit oder Regen bildet es den sauren Regen und Smog, wodurch unsere Umwelt teilweise stark geschädigt wird (► S. 104). Schwefeldioxid dient zur Herstellung vieler Chemikalien, Medikamente und Farbstoffe.

Darstellung von Kohlenstoffdioxid und Schwefeldioxid Kohlenstoffdioxid und Schwefeldioxid sind Reinstoffe, die sich durch chemische Reaktion aus ihren Elementen darstellen lassen (► Exp. 12, 13). Beide Stoffe gehören zu den chemischen Verbindungen, die sich durch chemische Reaktionen wieder in ihre Elemente zerlegen lassen. Die Reaktionsprodukte aus einem Nichtmetall und Sauerstoff werden als **Nichtmetalloxide** bezeichnet.

Kohlenstoff (s) + Sauerstoff (g) ⟶ Kohlenstoffdioxid (g)
Schwefel (s) + Sauerstoff (g) ⟶ Schwefeldioxid (g)

Nichtmetall + Sauerstoff ⟶ Nichtmetalloxid

> **Chemische Verbindungen sind Reinstoffe, die durch chemische Reaktionen in verschiedene Elemente zerlegt werden können. Nichtmetalloxide sind chemische Verbindungen, in denen ein Nichtmetall mit Sauerstoff reagiert hat.**

Info

Luftschadstoffe sind in die Luft freigesetzte Stoffe, die die Gesundheit von Lebewesen beeinträchtigen oder langfristige Umweltschäden verursachen können.
Nitrose Gase sind ein Gasgemisch aus Stickstoffmonooxid und Stickstoffdioxid. Stickstoffoxide sind sehr reaktionsfreudig und gehören zu den schädlichsten Abgasstoffen. Sie wirken als starke Atemgifte, verursachen Blattabwurf und hemmen das Pflanzenwachstum. Die Hauptverursacher sind Kraftfahrzeuge und Heizkraftwerke.

Aufgaben

1 Stelle jeweils einen Steckbrief für die folgenden Nichtmetalloxide auf:
  a Kohlenstoffdioxid
  b Schwefeldioxid

2 Gib jeweils eine Wortgleichung für die Bildung der Stickstoffoxide an.

3 Erfasse durch eine Wortgleichung den Vorgang der Umwandlung von Kohlenstoffdioxid in den grünen Pflanzenteilen und benenne ihn.

Moleküle

Bei der Fahrt eines ICE wird die Luft leicht verdrängt. Die stählernen Schienen werden dagegen trotz der Masse des Zuges nicht verformt. Der geringe Widerstand der Luft liegt an der Art der Teilchenanordnung.

1 Der ICE 3 ist mit maximal 330 km/h in Deutschland unterwegs.

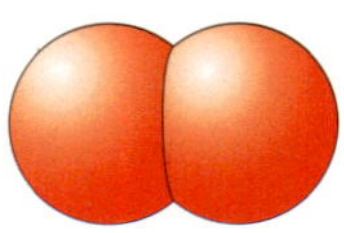

2 Modell eines Sauerstoffmoleküls

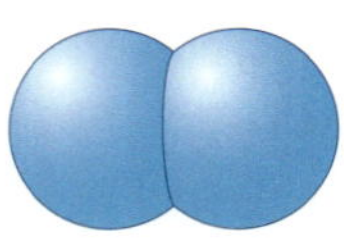

3 Modell eines Stickstoffmoleküls

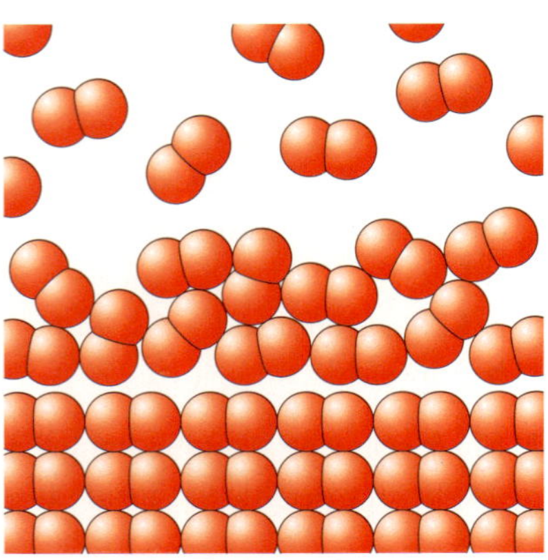

4 Modelldarstellung von Sauerstoffmolekülen im gasförmigen, flüssigen und festen Aggregatzustand

Bau von Sauerstoff und Stickstoff Luft ist ein Gasgemisch mit den bekannten Hauptbestandteilen Sauerstoff und Stickstoff. Beides sind Nichtmetalle. Als Gase nehmen sie im Gegensatz zu den festen Metallen jeden zur Verfügung stehenden Raum ein. Dies lässt sich durch die andere Art der Teilchenanordnung erklären. Es ist bereits bekannt, dass in den Metallen die Metallatome riesige Teilchenverbände bilden. Dagegen bestehen Sauerstoff und Stickstoff aus frei beweglichen Teilchen, in denen jeweils zwei Atome fest miteinander verbunden sind. Solche Teilchen von zwei oder mehreren verbundenen Atomen werden **Moleküle** genannt. Stoffe, deren kleinste Teilchen Moleküle sind, werden als **Molekülsubstanzen** bezeichnet.
Nach dem Teilchenmodell, in dem wir uns Atome als Kugeln vorstellen, können wir uns ein Sauerstoff- bzw. Stickstoffmolekül als „aneinanderklebende" Kugeln denken (▸ **2**, **3**). Zwischen den Sauerstoffatomen in einem Sauerstoffmolekül bzw. den Stickstoffatomen in einem Stickstoffmolekül gibt es starke Anziehungskräfte.

In Stoffen, die aus Molekülen aufgebaut sind, bestehen zwischen den Molekülen oft nur geringe Anziehungskräfte, sodass viele dieser Stoffe bei Zimmertemperatur gasförmig sind. Ziehen sich die Moleküle jedoch stärker an, so liegen flüssige Stoffe vor. Bei sehr starken Anziehungskräften sind die Stoffe fest. Auch bei einer Veränderung des Aggregatzustands dieser Stoffe bleiben die Moleküle als Teilchen immer unverändert, nur der Abstand der Moleküle und ihre Beweglichkeit verändern sich (▸ **4**).

Moleküle sind Teilchen, die aus zwei oder mehr fest miteinander verbundenen Atomen zusammengesetzt sind.

Bau von Kohlenstoffdioxid und Schwefeldioxid Kohlenstoffdioxid und Schwefeldioxid gehören auch zu den Molekülsubstanzen. In einem Molekül Kohlenstoffdioxid ist ein Atom Kohlenstoff mit zwei Atomen Sauerstoff durch starke Anziehungskräfte verbunden. In einem Molekül Schwefeldioxid ist ein Atom Schwefel durch starke Anziehungskräfte mit zwei Atomen Sauerstoff verbunden.

CO_2

5 Modell eines Kohlenstoffdioxidmoleküls

SO_2

6 Modell eines Schwefeldioxidmoleküls

Info
Unter bestimmten Bedingungen können sich auch drei Atome Sauerstoff zu einem Molekül vereinigen. Bei diesem so aufgebauten reaktionsfähigen, gasförmigen Stoff handelt es sich um Ozon. Ozon hat aufgrund seines Baus andere Eigenschaften als Sauerstoff, z. B. ist es sehr giftig.

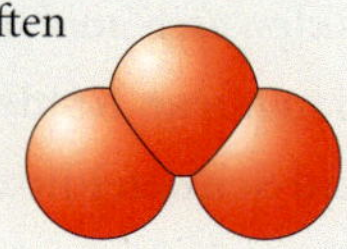

Formel als chemisches Zeichen Ein Element wird durch sein Symbol gekennzeichnet. So steht z. B. das Symbol O für Sauerstoff (lat. *oxygenium*) und N für Stickstoff (lat. *nitrogenium*). Beide Stoffe sind aus zweiatomigen Molekülen aufgebaut. Die Anzahl der zu einem Molekül vereinten Atome wird als tiefgestellte Zahl (Index) nach dem Symbol angegeben: O_2 bzw. N_2. Ist nur ein Atom eines Elements vorhanden, wird auf die Angabe der Zahl verzichtet.
Besteht das Molekül aus Atomen verschiedener Elemente, werden deren Symbole angegeben und die Anzahl der einzelnen Atome als tiefgestellte Zahl geschrieben, z. B. CO_2 und SO_2. Diese Zusammensetzung aus Symbol und Index wird als **Formel** bezeichnet. Aus der Formel lassen sich verschiedene Aussagen ableiten. Die Formel steht für den Stoff, für ein Molekül des Stoffes und die Zusammensetzung des Moleküls aus den Atomen.

Die Formel kennzeichnet ...	den Stoff	ein Molekül dieses Stoffes	die Zusammensetzung des Moleküls und das Zahlenverhältnis der Atome im Molekül
Beispiele	↓	↓	↓
CO_2	Kohlenstoffdioxid	ein Molekül Kohlenstoffdioxid	Zahlenverhältnis der Kohlenstoffatome zu Sauerstoffatomen = 1 : 2
SO_2	Schwefeldioxid	ein Molekül Schwefeldioxid	Zahlenverhältnis der Schwefelatome zu Sauerstoffatomen = 1 : 2

7 Aussagen aus der Formel von Nichtmetalloxiden

Für einen aus Molekülen aufgebauten Stoff kennzeichnet die chemische Formel den Stoff, ein Molekül des Stoffes und dessen Zusammensetzung.

Aufgaben

1 Erläutere an einem Beispiel die Unterschiede zwischen einem Atom und einem Molekül.

2 Stickstoff ist bei Raumtemperatur gasförmig, Gold dagegen fest. Erkläre diesen Unterschied mithilfe des Baus der Stoffe.

3 Prüfe, ob eine Formel auch $X_{2,5}$ lauten kann. Begründe.

4 Leite aus den Formeln Aussagen über die Stoffe, über die Zusammensetzung der Moleküle und über das Zahlenverhältnis der Atome in den Molekülen ab: O_3, CO, NO_2, SO_3.

Chemische Reaktion und Reaktionsgleichung

Beim Verbrennen von fossilen Brennstoffen entsteht nicht nur Kohlenstoffdioxid, sondern es bilden sich auch immer geringe Mengen an Kohlenstoffmonooxid und Schwefeldioxid. Für diese und alle anderen Verbrennungen lassen sich Stoff- und Teilchenumsatz ermitteln und die Reaktionsgleichung aufstellen.

1 Brennende und glühende Kohle: Kohlenstoff reagiert mit Sauerstoff.

Stoff- und Teilchenumsatz bei chemischen Reaktionen Für die chemische Reaktion von Kohlenstoff mit Sauerstoff lässt sich die Wortgleichung formulieren:

Kohlenstoff (s) + Sauerstoff (g) ⟶ Kohlenstoffdioxid (g) | exotherm

Bei dieser chemischen Reaktion ordnen sich die Teilchen der Ausgangsstoffe Kohlenstoff und Sauerstoff um und verändern sich. Es bilden sich die Teilchen im Reaktionsprodukt Kohlenstoffdioxid. Mithilfe des Teilchenmodells lässt sich der kleinstmögliche Teilchenumsatz für diese Reaktion erkennen.

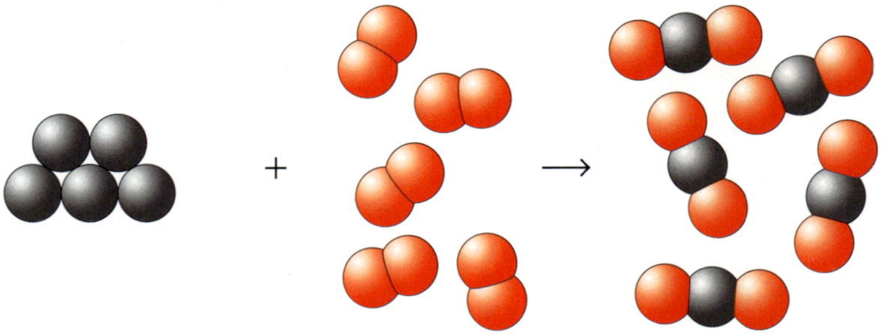

2 Reaktion von Kohlenstoff mit Sauerstoff im Teilchenmodell

Die Reaktionsgleichung Mithilfe der Formeln und Symbole der an der Reaktion beteiligten Stoffe kann die Reaktionsgleichung für die Verbrennung von Kohlenstoff entwickelt werden. Dabei wird die kleinstmögliche Teilchenanzahl der miteinander reagierenden Stoffe als Faktor vor die jeweilige Formel oder das jeweilige Symbol geschrieben.

$C (s) + O_2 (g) \longrightarrow CO_2 (g)$

Stoffliche Deutung:
Schwefel und Sauerstoff reagieren zu Schwefeldioxid.

Teilchenmäßige Deutung:
Je 1 Atom Schwefel und 1 Molekül Sauerstoff reagieren zu 1 Molekül Schwefeldioxid.

Bilanz der Teilchen der Elemente:
Die Anzahl der Schwefelatome im Ausgangsstoff Schwefel ist gleich der Anzahl der Schwefelatome im Reaktionsprodukt Schwefeldioxid. Die Anzahl der Sauerstoffatome im Ausgangsstoff Sauerstoff ist gleich der Anzahl der Sauerstoffatome im Reaktionsprodukt Schwefeldioxid.

Reaktionsgleichung:

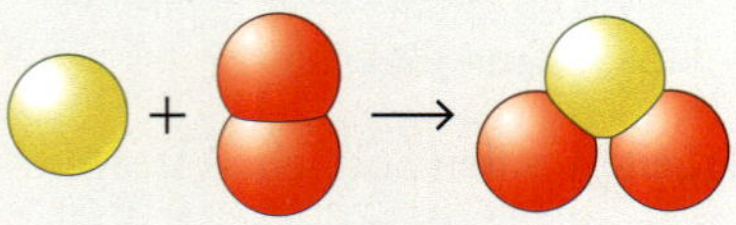

$S (s) + O_2 (g) \longrightarrow SO_2 (g)$

3 Von der chemischen Reaktion zur Reaktionsgleichung für die Verbrennung von Schwefel

Aussagen aus einer Reaktionsgleichung Eine Reaktionsgleichung gibt an, welche und wie viele Teilchen der Ausgangsstoffe bei einer chemischen Reaktion miteinander reagieren und welche und wie viele Teilchen der Reaktionsprodukte dabei entstehen. Aber weder die Reaktionsbedingungen noch die Eigenschaften der reagierenden Stoffe sind aus einer Reaktionsgleichung ableitbar.
Reaktionsgleichungen sind im Gegensatz zu Wortgleichungen international verständlich, da für das Aufstellen einheitliche Regeln und Schreibweisen gelten. Allein deswegen sind sie ein wichtiges Arbeits- und Verständigungsmittel in der Naturwissenschaft Chemie.

Eine Reaktionsgleichung beschreibt eine chemische Reaktion mithilfe chemischer Zeichen. Sie kennzeichnet die Stoffe, die Teilchen der Stoffe und das Zahlenverhältnis, in dem die Teilchen reagieren.

Entwickeln von Reaktionsgleichungen Folgende Schrittfolge hat sich bewährt: 1. Formulieren der Wortgleichung, 2. Einsetzen der chemischen Zeichen, 3. Ermitteln der Faktoren, 4. Überprüfen der Anzahl der Atome jedes Elements im Teilchenverband in den Ausgangsstoffen und Reaktionsprodukten, 5. Reaktionsgleichung formulieren.

Aufgabe: Entwickle die Reaktionsgleichung für die Verbrennung von Kohlenstoff mit Sauerstoff zu Kohlenstoffmonooxid.

Lösung:

1. Wortgleichung:	Kohlenstoff + Sauerstoff ⟶ Kohlenstoffmonooxid			
2. Chemische Zeichen:	C	$+ O_2$	⟶	CO
3. Faktoren der beteiligten Stoffe:	2 C	$1\,O_2$	2 CO	
4. Prüfen der Teilchenzahl der Elemente in den Ausgangsstoffen und Reaktionsprodukten:	Ausgangsstoffe		Reaktionsprodukte	
	Kohlenstoff: 2 · 1		= 2 · 1	✓
	Sauerstoff: 1 · 2		= 2 · 1	✓
5. Reaktionsgleichung:	2 C (s)	$+ O_2$ (g)	⟶	2 CO (g)

!
Regeln für das Ermitteln der Faktoren in Reaktionsgleichungen

- Die Anzahl der Teilchen eines Elements muss bei den Ausgangsstoffen und den Reaktionsprodukten gleich sein.
- Ist das nicht der Fall, müssen entsprechende Faktoren vor die jeweiligen chemischen Zeichen der Stoffe geschrieben werden.
- Die chemischen Zeichen (Symbole) der Stoffe dürfen dabei nicht verändert werden.

Info
Eine Reaktionsgleichung ist universell verständlich.

Wortgleichungen in der Landessprache
Deutsch:
Kohlenstoff + Sauerstoff
⟶ Kohlenstoffmonooxid

Englisch:
carbon + oxygen
⟶ carbon monoxide

Russisch:
углерод + кислород
⟶ моноксид углерода

Reaktionsgleichung
$2\,C\,(s) + O_2\,(g) \longrightarrow 2\,CO\,(g)$

Aufgaben

1 Deute die folgenden Reaktionsgleichungen stofflich und teilchemäßig.
a $2\,CO + O_2 \longrightarrow 2\,CO_2$
b $N_2 + 2\,O_2 \longrightarrow 2\,NO_2$
c $4\,P + 5\,O_2 \longrightarrow 2\,P_2O_5$

2 Ermittle die fehlenden Faktoren und kontrolliere die Übereinstimmung der Teilchenzahlen.
$x\,N_2 + y\,O_2 \longrightarrow z\,N_2O_5$

3 Bei einer chemischen Reaktion entstehen aus einer Million Schwefelatomen und einer Million Sauerstoffmolekülen eine Million Schwefeldioxidmoleküle. Prüfe die Richtigkeit dieser Aussage.

4 Begründe, warum Reaktionsgleichungen internationale Arbeits- und Verständigungsmittel sind.

Chemische Reaktionen auf der Waage

1 Erhitzte und nicht erhitzte Eisenwolle auf der Waage

Exp. 15 **Erhitzen von Eisenwolle an der Luft**

Wiege mit einer Analysenwaage auf einem Uhrglas 1 g Eisenwolle ab. Halte die Eisenwolle mit einer Tiegelzange in eine Brennerflamme und erhitze sie bis zum starken Glühen. Lege die Wolle nach dem Erkalten auf das Uhrglas und wiege erneut. Vergleiche die Masse der Eisenwolle vor und nach dem Erhitzen.
Entsorgung: Eisenwolle einsammeln und wiederverwenden.

Massen der Reaktionspartner bei chemischen Reaktionen Beim Verbrennen von Eisenwolle und beim Verbrennen von Streichholzkuppen an der Luft und in geschlossenen Gefäßen fanden chemische Reaktionen statt. Das Reaktionsprodukt nach dem Verbrennen der Eisenwolle hat eine größere Masse als vor der Reaktion (▸ **1**; Exp. 15). Bei den Resten der Streichholzkuppen war es im offenen Reagenzglas genau umgekehrt. Das Wiegen der geschlossenen Gefäße mit Streichholzkuppen ergab vor und nach dem Erhitzen gleiche Massen (▸ Exp. 16).

Um die Frage der ungleichen Massen bei den Experimenten zu beantworten, muss geprüft werden, ob auch die Massen aller Ausgangsstoffe und aller Reaktionsprodukte erfasst wurden. Offensichtlich sind beim Verbrennen der Streichhölzer Gase entstanden, die in den Raum entwichen, also nicht gewogen wurden. Mit einer geschlossenen Experimentieranordnung lassen sich hingegen die Massen aller beteiligten Stoffe vor und nach der Reaktion erfassen. Das Wiegen ergibt dann immer dieselbe Masse.

Das Gesetz von der Erhaltung der Masse Die Ergebnisse der in geschlossenen Gefäßen durchgeführten Experimente deckten ein für alle chemischen Reaktionen gültiges Grundgesetz der Chemie auf. Es wird als **Gesetz von der Erhaltung der Masse** bezeichnet. Es besagt, dass bei chemischen Reaktionen die Masse der Ausgangsstoffe gleich der Masse der Reaktionsprodukte ist.
Bei chemischen Reaktionen treten also weder Massenzunahmen noch Massenverluste auf. Stoffe können bei chemischen Reaktionen nicht aus dem „Nichts" entstehen noch können sie spurlos verschwinden.

Bei chemischen Reaktionen ist die Masse der Ausgangsstoffe gleich der Masse der Reaktionsprodukte.

m(Ausgangsstoffe) = m(Reaktionsprodukte)

Exp. 16 **Verbrennen von Zündholzkuppen**

Gib jeweils zehn Streichholzkuppen in zwei Reagenzgläser. Verschließe ein Reagenzglas mit einem Luftballon und wiege beide nacheinander auf einer Analysenwaage. Erhitze die Reagenzgläser über einer Brennerflamme so stark, dass sich die Streichholzkuppen entzünden. Wiege die Reagenzgläser nach dem Erkalten erneut. Vergleiche jeweils die Massen vor und nach dem Verbrennen der Streichholzkuppen.
Entsorgung: Reste in den Hausmüll geben.

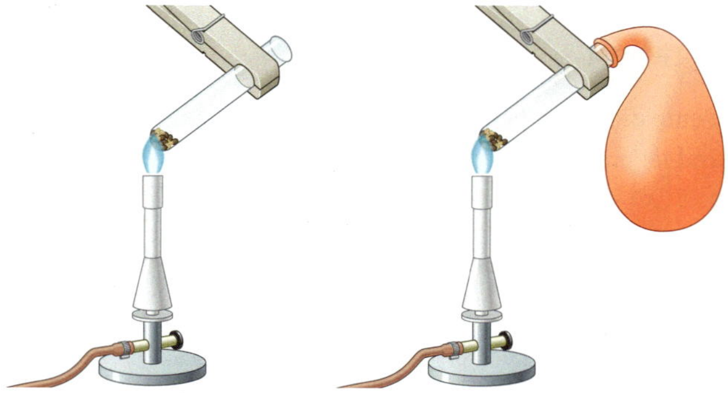

Teilchen der Reaktionspartner bei chemischen Reaktionen Bereits bekannt ist, dass sich bei chemischen Reaktionen die Teilchen der Ausgangsstoffe umgruppieren und in neuer Anordnung und verändertem Zusammenhalt in den Reaktionsprodukten wiederfinden. Bei einer chemischen Reaktion werden die Teilchen der Ausgangsstoffe nicht zerstört oder verschwinden einfach. Jede Stoffportion eines reagierenden Stoffes besteht aus einer großen Anzahl von Teilchen.

Das Gesetz von der Erhaltung der Masse lässt sich so ganz einfach verstehen. Die Masse der Ausgangsstoffe ergibt sich aus der Summe aller Atommassen der in den Ausgangsstoffen enthaltenen Teilchen. Nach der chemischen Reaktion haben sich die Teilchen lediglich umgruppiert und in den Reaktionsprodukten neu angeordnet. Ihre Anzahl ist aber erhalten geblieben (▸ 2). Die Masse der Reaktionsprodukte ist dann immer noch genauso groß wie die Masse der Ausgangsstoffe vor der Reaktion.

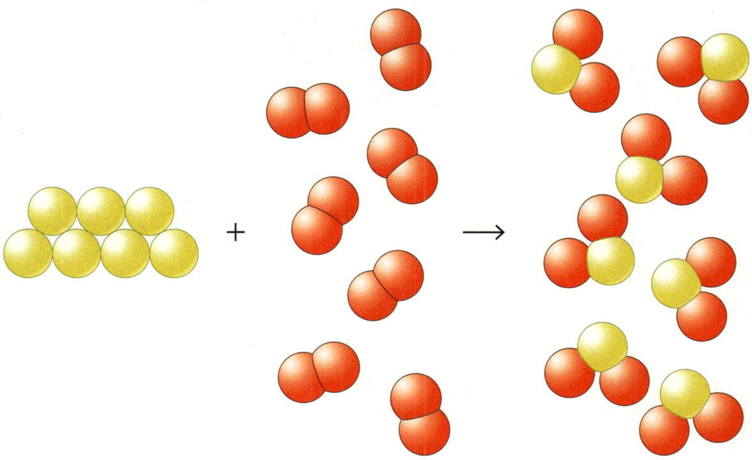

2 Teilchen der Ausgangsstoffe und Reaktionsprodukte bei der Reaktion von Schwefel mit Sauerstoff zu Schwefeldioxid. Wie viele Teilchen reagieren?

Bei chemischen Reaktionen bleibt die Anzahl der Teilchen der in den Ausgangsstoffen und in den Reaktionsprodukten enthaltenen Elemente gleich.

Info

Der russische Chemiker Michail Wassiljewitsch Lomonossow und der französische Chemiker Antoine Laurent de Lavoisier führten unabhängig voneinander Experimente zum Verbrennen von Metallen durch. Sie erhitzten u. a. Blei in einem verschlossenen Gefäß und ermittelten die Masse vor und nach dem Erhitzen. Lomonossow erkannte, dass die Masse vor und nach der Reaktion gleich war. Eine Erklärung dieser Gesetzmäßigkeit fand er noch nicht. Dies gelang erst Lavoisier.

3 Michail Wassiljewitsch Lomonossow (1711–1765)

Aufgaben

1 Ein Kuchen ist leichter als der Kuchenteig vor dem Backen.
Formuliere eine Vermutung, ob beim Kuchenbacken das Gesetz von der Erhaltung der Masse gilt oder nicht gilt.

2 Erläutere den Zusammenhang, der zwischen dem Gesetz von der Erhaltung der Masse und den Teilchen der reagierenden Stoffe besteht, anhand von Bild ▸ 2.

3 Stelle eine Vermutung auf, wieso die verbrannte Eisenwolle schwerer ist als die reine Eisenwolle (▸ 1).

4 Informiere dich in verschiedenen Quellen, z. B. im Internet, über Leben und Werk von Michail Wassiljewitsch Lomonossow und fertige über diese Persönlichkeit ein Poster an.

Brände und Brandbekämpfung

1 Waldbrand

2 Brandschaden in der Herzogin-Anna-Amalia-Bibliothek in Weimar

Brände zerstören 2012 wurden 701 Waldbrände auf 269 ha in der Bundesrepublik Deutschland gemeldet. Der Schaden pro Hektar wird mit 1 800 Euro beziffert. Bei dem Brand in der Herzogin-Anna-Amalia-Bibliothek in Weimar im Jahr 2004 wurden mehr als 50 000 Bücher vernichtet, aber auch Tausende Bände durch Löschwasser stark beschädigt. Die Schadenssumme wird auf 67 Mio. Euro beziffert.
Neben den materiellen Verlusten ist mit einem Brand auch immer großes menschliches Leid verbunden. Es ist wichtig zu wissen, wie es zum Ausbruch eines Brandes kommen kann, wie Brände vermieden werden und wie man sich bei einem Brand zu verhalten hat.

Wie Brände entstehen Einen Brand erkennt man am Auftreten von Rauch, an einer leuchtenden Glut und vor allem an Flammen. Treten keine offenen Flammen auf, bezeichnet man den Brand als Schwelbrand. Schwelbrände werden wegen der fehlenden Feuererscheinung meist erst sehr spät erkannt. Das führte zur fast vollständigen Zerstörung der Herzogin-Anna-Amalia-Bibliothek in Weimar. Sie gehört seit 1998 zusammen mit zehn weiteren Stätten zum UNESCO-Weltkulturerbe „Klassisches Weimar".
Nach dem eigentlichen Brand überwacht die Feuerwehr oft noch tagelange die Glutnester einer Brandstelle. Vom Glühen spricht man, wenn feste oder flüssige Stoffe durch eine chemische Reaktion heiß werden und Licht aussenden, jedoch ohne Flammen zu bilden.

Exp. 1 **Brennbarkeit von festen Stoffen**

Lege ein Stahlblech auf einen Dreifuß. Ordne darauf etwa gleich große Stückchen von Zellstoff, Eisenwolle, Ziegelstein, Holzspan, Kork, Holzkohle, Kies, Magnesiumspan (GHS02), Papier, Kreide, Wolle und Pappe im gleichen Abstand nebeneinander und zur Mitte an. Stelle unter die Mitte der Platte einen Brenner mit rauschender Flamme. Notiere die Veränderungen der Stoffe während des Erhitzens. Leite aus den Beobachtungen Aussagen über die Brennbarkeit dieser Stoffe ab.
Entsorgung: Reste in den Hausmüll geben.

3 Am Lagerfeuer zu sitzen übt eine große Faszination auf uns Menschen aus.

Zündtemperatur Papier brennt ohne eine Fremdzündung schon bei relativ geringer Temperatur an der Luft. Holz oder Kohle entzünden sich dagegen erst bei hohen Temperaturen. Die Temperatur, auf die ein brennbarer Stoff erwärmt werden muss, damit er ohne Zündquelle nur aufgrund der vorhandenen Erhitzung anfängt zu brennen, wird als Zündtemperatur oder als Entzündungstemperatur bezeichnet.

Stoff	Zündtemperatur in °C
Papier	185–360
Holz	220–320
Holzkohle	350
Koks	700
Benzin	240–500
Kerzenwachs	250–400
Heizöl	250–350
Alkohol	425
Erdgas	600–650

4 Zündtemperatur verschiedener Stoffe

Auf die Verteilung kommt es an Um ein Lagerfeuer zu entzünden, kommt es darauf an, das richtige Holz zu verwenden. Holzwolle ist besser geeignet als ein Stück Holz, obwohl es sich um denselben Stoff handelt. Sie unterscheiden sich in ihrem Zerteilungsgrad. Zerteilungsgrad beschreibt das Verhältnis der Oberfläche zum Volumen eines Gegenstands. So hat Holzwolle eine größere Oberfläche und damit einen höheren Zerteilungsgrad als ein Holzstück gleicher Masse (gleichen Volumens).

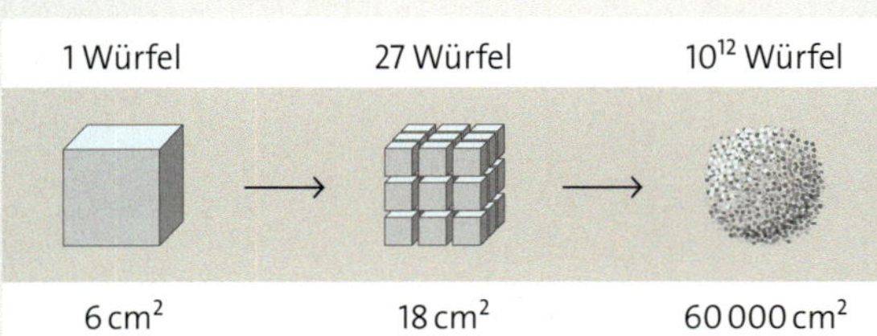

5 Veranschaulichung des Zerteilungsgrads

Exp. 2 **Zündtemperatur unterschiedlicher Stoffe**

Befestige am unteren Ende eines Thermometers (bis 300 °C) ein Zündholz mithilfe von Draht so, dass der Kopf des Zündholzes etwa 1 cm über das Thermometer hinausragt. Verschließe den Kolben mit dem Stopfen wie in der Abbildung und befestige ihn an einem Stativ. Erhitze das Glas langsam und gleichmäßig. Ab 60 °C sollte die Temperatur nur noch langsam ansteigen.

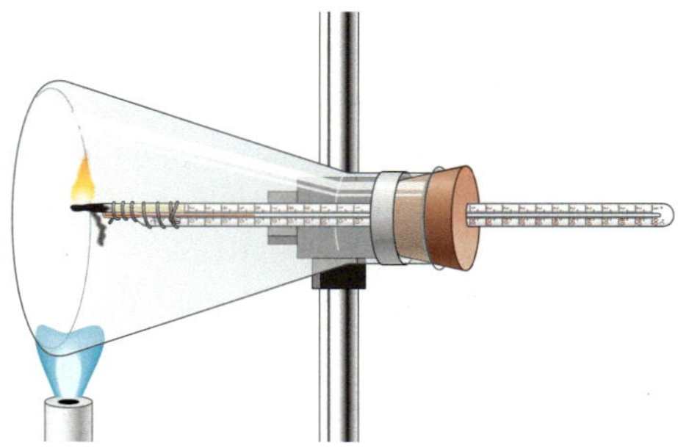

Notiere die Zündtemperatur. Ziehe dann sofort den Stopfen aus dem Kolben und puste die Flamme aus. Wiederhole das Experiment z. B. mit Papier oder Stroh.
Entsorgung: Reste in den Hausmüll oder in die Sammlung geben.

Exp. 3 **Entzünden von Holz**

Lege ein Drahtnetz auf einen Dreifuß. Verteile Holzwolle, Holzspäne und Holzstücke unterschiedlicher Größe jeweils im Abstand von 3 cm zur Drahtnetzmitte. Stelle den Brenner mit kleiner Flamme unter die Mitte des Drahtnetzes. Beobachte und stelle die Reihenfolge des Entzündens fest. Du kannst die Versuche auch nacheinander ausführen, miss dann jeweils die Zeit bis zum Entzünden.
Entsorgung: Reste in den Hausmüll geben.

Aufgaben

1 Heizöl kann nicht durch einen brennenden Span entzündet werden. Erst nach dem Erhitzen lässt es sich entzünden. Formuliere eine Erklärung.

2 Erkunde und beschreibe, welche unterschiedlichen Techniken Menschen im Verlauf der Geschichte für das Entzünden von Feuer angewendet haben.

Exp. 4

Voraussetzungen für das Entzünden einer Flamme ermitteln

Versuche jeweils ein Stück Pappe, Holz und flüssiges Kerzenwachs mit einem Zündholz zu entzünden. Wiederhole den Versuch, indem du eine Brennerflamme statt eines Zündholzes verwendest. Erhitze Holzspäne in einem offenen Reagenzglas. Halte nach einiger Zeit einen brennenden Holzstab über die Öffnung des Reagenzglases. Entzünde eine Kerze mit einem Zündholz. Beobachte dabei den Docht. Lösche die Kerze durch Auspusten und führe sofort wieder ein brennendes Zündholz in die Nähe des Dochtes. Leite aus den Ergebnissen des Experiments ab, welche Voraussetzungen für das Entzünden einer Flamme und damit für das Entstehen eines Brandes gegeben sein müssen.
Entsorgung: Reste in Sammelbehälter für Hausmüll.

Info 1

Flammtemperatur

Viele Stoffe können nur verbrennen, wenn sie im gasförmigen Zustand vorliegen. Solche flüssigen oder festen Stoffe müssen deshalb erhitzt werden, bis sie verdampfen. Das lässt sich beim Anzünden und Verbrennen einer Kerze beobachten. Die Temperatur, bei der der Dampf einer brennbaren Flüssigkeit durch Fremdzündung entflammt werden kann, heißt Flammtemperatur. Sie wird zur Einteilung der Feuergefährlichkeit brennbarer Stoffe genutzt.

1 Kerzenflamme

Bedingungen für das Entstehen von Bränden Ohne das Vorhandensein eines **brennbaren Stoffes** und ausreichend **Sauerstoff** entstehen keine Brände. Bevor es zu brennen beginnt, muss die **Entzündungstemperatur** des Brennstoffes erreicht werden.

2 Nur wenn alle drei Bedingungen erfüllt sind, kommt es zu einem Brand.

Zusätzlich bewirkt ein hoher **Zerteilungsgrad** eine gute Durchmischung des brennbaren Stoffes mit Sauerstoff und fördert somit das Entstehen eines Feuers. Stäube von Metallen, Mehl oder Kohle können bei Durchmischung mit Luft durch Flammen oder Funken sogar explodieren.

3 Mehlstaubexplosion

4 Löschflugzeug

Exp. 5 **Ein selbst gebauter Feuerlöscher**

Fülle in einen 500-ml-Erlenmeyerkolben etwa 300 ml gesättigte Natriumhydrogencarbonatlösung und 15 Tropfen Spülmittel. Lass ein kleines Reagenzglas mit 5 ml Essig so in die Flüssigkeit im Erlenmeyerkolben gleiten, dass noch keine Lösung hineinlaufen kann.
Verschließe den Kolben mit einem durchbohrten Stopfen, in dem ein gewinkeltes Glasrohr mit Spritzdüse steckt. Das Glasrohr soll gerade noch in die Lösung eintauchen. Kippe den Kolben und schüttle dabei bis zur Schaumbildung. Entzünde in einer Metallschale 5 ml Brennspiritus (GHS02) mit einem Span.
Halte die Spitze auf die Metallschale, sodass Schaum auf das brennende Benzin gelangt. Beobachte.

Erläutere die Funktionsweise deines Feuerlöschers.
Entsorgung: Reste in das Abwasser geben.

Löschen eines Brandes Ein Waldbrand kann durch das Schlagen von Schneisen gelöscht werden. Als vorbeugende Maßnahmen legt man in Wäldern einen mehrere Meter breiten Sandstreifen an.
Verhindert man den Zutritt von Sauerstoff, bleiben Brände aus. So werden elektrische Anlagen in den Umspannwerken unter einem Schutzgas betrieben. Kleineren Bränden entzieht man den Sauerstoff durch Abdecken mit Sand oder einer Feuerlöschdecke.
Eine weitere Löschmethode besteht darin, den brennbaren Stoff unter seine Entzündungstemperatur abzukühlen, z. B. mithilfe von Wasser oder Feuerlöschern. Leichtentzündliche Stoffe werden oft gekühlt aufbewahrt und technische Anlagen klimatisiert. Bei Öl, Benzin oder elektrischen Geräten ist das Löschen mit Wasser lebensgefährlich. Hier werden spezielle Feuerlöscher eingesetzt.
Häufig werden bei den vorbeugenden Maßnahmen und beim Löschen eines Feuers mehrere der genannten Möglichkeiten gemeinsam realisiert.

Info 2 **Es brennt – was ist zu tun?**

- Ruhe bewahren.
- Anweisungen der Lehrkraft befolgen.
- Strom- und Gasversorgung ausschalten.
- Sich aus der direkten Gefahrenzone entfernen.
- Leicht brennbare Stoffe aus dem Gefahrenbereich entfernen.
- Vorhandene Feuerlöscheinrichtungen nutzen (Löschdecke, Feuerlöscher, Sand).
- Über Feuermelder oder Notruf Feuerwehr (☎ 112) oder Polizei (☎ 110) benachrichtigen.
- Meldung: Wo brennt es? Was brennt? Wie viele Verletzte? Wer meldet?

Aufgaben

1 Wasser ist ein gutes Löschmittel, darf aber nicht zum Löschen aller Brände, z. B. von Öl- oder Metallbränden, eingesetzt werden. Begründe.

2 In öffentlichen Gebäuden wie Kaufhäusern oder Kinos sind häufig Sprinkleranlagen eingebaut. Informiere dich über die Arbeitsweise der Anlagen und beschreibe deren Wirkungsweise.

Luft – ein Stoffgemisch

Luft	Stoffgemisch aus mehreren Gasen. Hauptbestandteile sind Stickstoff (Volumenanteil ($\varphi = 78\,\%$) und Sauerstoff (Volumenanteil ($\varphi = 21\,\%$). Weitere Luftbestandteile sind Edelgase und Kohlenstoffdioxid. Luftverunreinigungen wie Schwefeldioxid, Stickstoffoxide, Kohlenstoffmonooxid und Ozon können Pflanzen, Tiere und Menschen schädigen.

Luftbestandteil	Sauerstoff	Stickstoff	Kohlenstoffdioxid	Schwefeldioxid
Herstellung	aus Wasserstoffperoxid; Erhitzen von Braunstein	Destillation verflüssigter Luft	Verbrennen von Kohlenstoff mit Sauerstoff	Verbrennen von Schwefel mit Sauerstoff
Eigenschaften	gasförmig, farblos, geruchlos, für die Verbrennung notwendig; Nachweis: durch Glimmspanprobe	gasförmig, farblos, geruchlos, nicht brennbar, Flammen erstickend	gasförmig, farblos, geruchlos, nicht brennbar	gasförmig, farblos, ätzend riechend, giftig
Bau	Moleküle, in denen jeweils zwei Sauerstoffatome verbunden sind	Moleküle, in denen jeweils zwei Stickstoffatome verbunden sind	Moleküle, in denen jeweils zwei Sauerstoffatome und ein Kohlenstoffatom verbunden sind	Moleküle, in denen jeweils zwei Sauerstoffatome und ein Schwefelatom verbunden sind
Modell des Moleküls			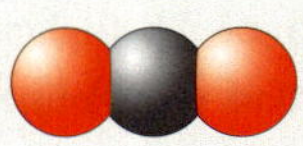	

Nichtmetalloxid	Chemische Verbindung, die durch chemische Reaktion eines Nichtmetalls mit Sauerstoff entsteht
Molekül	Teilchen, das aus zwei oder mehr fest miteinander verbundenen Atomen zusammengesetzt ist
Gesetz von der Erhaltung der Masse	Bei chemischen Reaktionen ist die Summe der Massen aller Ausgangsstoffe gleich der Summe der Massen aller Reaktionsprodukte.
Chemische Formel	Chemisches Zeichen, das einen aus Molekülen aufgebauten Stoff, den Stoff oder ein Molekül des Stoffes kennzeichnet SO_2: – Stoff Schwefeldioxid bzw. ein Molekül Schwefeldioxid – Ein Molekül Schwefeldioxid besteht aus einem Atom Schwefel und zwei Atomen Sauerstoff.
Reaktionsgleichung	Die Reaktionsgleichung beschreibt eine chemische Reaktion mithilfe chemischer Zeichen. Sie kennzeichnet die an der chemischen Reaktion beteiligten Stoffe, die Teilchen der Stoffe und das Zahlenverhältnis, in dem die Teilchen reagieren. Beispiel: $2\,C(s) + O_2(g) \longrightarrow 2\,CO(g)$

Aufgaben

1 Die Erde ist von einer Lufthülle umgeben. Nenne wichtige Bestandteile der Lufthülle der Erde und gib deren Volumenanteil an.

2 Ein Mitschüler behauptet: Saubere Luft, z. B. über einem Ozean, ist ein reiner Stoff. Beurteile diese Aussage in Bezug auf ihre Richtigkeit.

3 Ein Mensch atmet täglich etwa 700 g (350 l) Kohlenstoffdioxid aus. Berechne das Volumen an Kohlenstoffdioxid, das in 4 h in einem Raum mit 26 Personen ausgeatmet wird.

4 Erläutere, warum Luft neben Wasser eine weitere Grundlage für das Leben auf der Erde bildet.

5 Luft ist nicht nur zum Atmen da. Überlege dir weitere Bedeutungen von Luft aus dem Alltag.

6 Zeige am Beispiel der Luftbestandteile Stickstoff und Sauerstoff die Beziehung zwischen Verwendung und Eigenschaften der Stoffe.

7 Es werden drei Sauerstoffteilchen unterschieden: Sauerstoffatome, Sauerstoffmoleküle und Ozonmoleküle (O_3).
- **a** Vergleiche den Bau dieser Teilchen.
- **b** Leite aus den chemischen Zeichen für ein Sauerstoffmolekül und ein Ozonmolekül O_3 mögliche Aussagen ab.

8 Grotten oder unbelüftete Silos betrat man früher mit einer brennenden Kerze. Nenne dafür mögliche Gründe.

9 Die Schüler einer Klasse sollen Vorschläge zum experimentellen Auffangen von drei verschiedenen Gasen unterbreiten. Die Tabelle enthält einige Eigenschaften der drei Gase.

Eigenschaft	Gas A	Gas B	Gas C
Dichte bei 0 °C	1,25 g/l	1,43 g/l	1,98 g/l
Löslichkeit in Wasser	nahezu unlöslich	sehr gering	gut
Reaktion mit Wasser	keine	keine	findet statt

Vorschlag 1: Alle drei Gase pneumatisch auffangen.
Vorschlag 2: Alle drei Gase durch Luftverdrängung auffangen, die Reagenzgläser dabei mit der Öffnung nach unten einspannen.
Vorschlag 3: Gas A und Gas B pneumatisch, Gas C durch Luftverdrängung auffangen, dabei das Reagenzglas mit der Öffnung nach unten einspannen.
Vorschlag 4: Gas A und Gas B pneumatisch, Gas C durch Luftverdrängung auffangen, dabei das Reagenzglas mit der Öffnung nach oben einspannen.

Bewerte die Vorschläge auf ihre Brauchbarkeit und begründe deine Beurteilung.

10 Die Verbindung Distickstoffmonooxid N_2O wurde 1772 von Joseph Priestley entdeckt und ist auch unter dem Namen Lachgas bekannt. Bei Temperaturen über 600 °C zerfällt es in seine Elemente.
- **a** Begründe die Zuordnung dieses Stoffes zu den Verbindungen.
- **b** Interpretiere die Formel der Molekülsubstanz.
- **c** Entwickle die Reaktionsgleichung für den thermischen Zerfall.

11 Stickstoffdioxid entsteht durch die Reaktion von Stickstoff und Sauerstoff, kann jedoch auch durch die Reaktion Stickstoffmonooxid mit Sauerstoff gebildet werden. Entwickle die entsprechenden Reaktionsgleichungen.

12 Beim Verbrennen eines Zündholzes oder einer Kerze kann man jeweils eine Massenabnahme beobachten. Wenn eisenhaltiges Werkzeug längere Zeit an der Luft lag, hat die Masse zugenommen. Erkläre die Sachverhalte und zeige, dass sie nicht im Widerspruch zum Gesetz von der Erhaltung der Masse stehen.

Hilfe zu den Aufgaben findest du auf den Seiten ...

1	12	7	20, 21
2	12	8	17
3	12	9	13, 17
4	16, 17	10	19, 21, 23
5	16, 17	11	22, 23
6	16, 17	12	24, 25

Material A: Dichte von Stoffen

Wetterballons transportieren Messgeräte bis in eine Höhe von 20 bis 30 km. Sie werden meist mit Wasserstoff gefüllt.

A1 Zwei unterschiedlich gefüllte Wetterballons

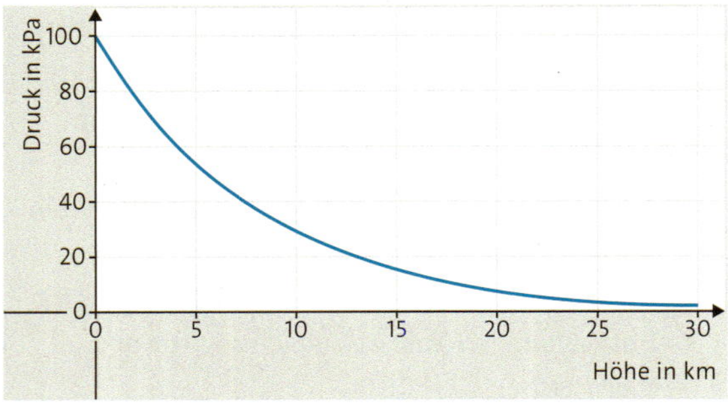

A2 Luftdruck in Abhängigkeit von der Höhe nach der barometrischen Höhenformel

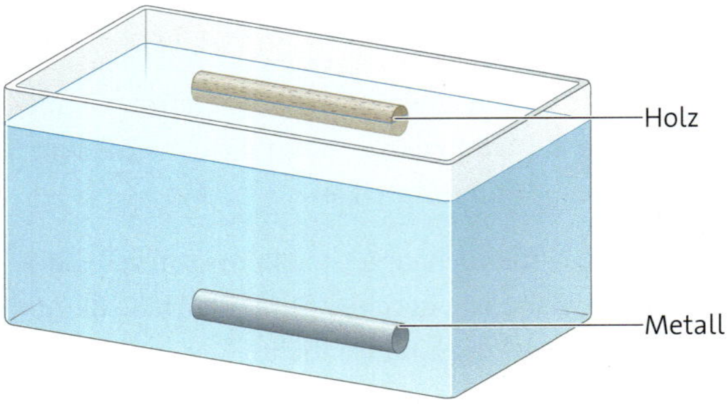

A3 Gleich große Stücke von Holz und Eisen

1 Beschreibe den Luftdruck in der Atmosphäre in Abhängigkeit von der Höhe (▸ A2).

2 Erläutere den Zusammenhang zwischen Luftdruck und Dichte der Luft.

3 Formuliere eine begründete Vermutung darüber, welcher Wetterballon am höchsten aufsteigt: ein prall gefüllter oder ein weniger prall gefüllter (▸ A1).

4 Vergleiche das Verhalten der Stücke Eisen und Holz in Wasser (▸ A3).

5 Begründe das unterschiedliche Verhalten.

6 Erkläre den Aufstieg eines Heißluftballons in Luft. Es gelten die gleichen Gesetze wie beim Aufstieg eines Körpers in Wasser.

Material B: Sauerstoff

Ende des 18. Jahrhunderts wurden experimentell die Bestandteile der Luft entdeckt und untersucht.

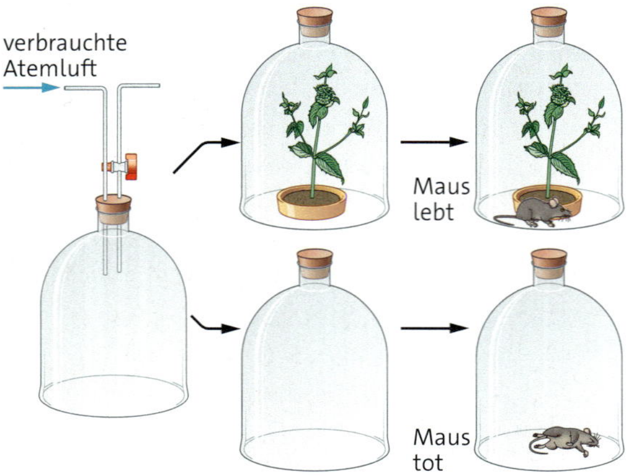

B1 PRIESTLEYS Versuche mit der eigenen Atemluft

1 Beschreibe den Versuch, den PRIESTLEY bei der Entdeckung des Sauerstoffs durchgeführt hat (▸ B1).

2 Deute die Beobachtungen des Versuchs in Bezug auf die unterschiedlichen Luftzusammensetzungen unter den Glasglocken.

3 CARL WILHELM SCHEELE entdeckte 1772 den Sauerstoff. Er nannte ihn „Feuerluft". Erläutere ausführlich, was Scheele sich dabei wahrscheinlich gedacht hatte.

Material C: Das Treibhaus – Modell für die Troposphäre

Zeit in Sekunden	0	30	60	90	120	150	180	210	240	270	300	330
Temperatur bei weißem Boden in °C	25,4	29,4	30,6	31,1	31,2	31,2	31,2	31,2	31,2	31,2	31,3	31,3
Temperatur bei schwarzem Boden in °C	25,2	29,2	32,2	34,0	35,2	35,9	35,9	36,3	36,7	36,9	37,1	37,3

C1 Messereihe, aufgenommen mit einem grafikfähigen Taschenrechner

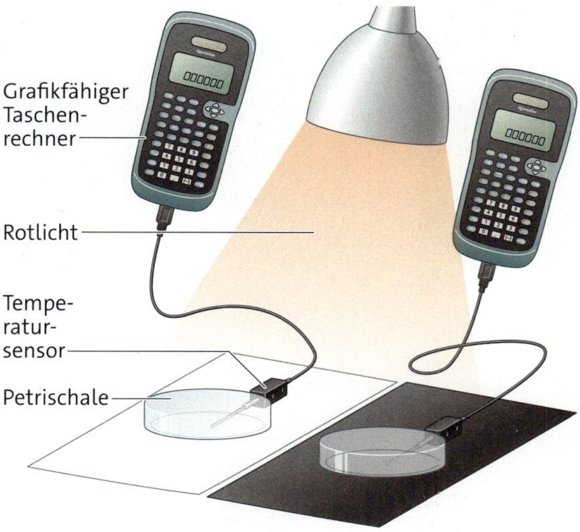

C2 Versuchsaufbau zum Treibhauseffekt

1 Stelle die Versuchsreihe (► **C1**) grafisch in einem Diagramm dar.

2 Triff eine Aussage über die Temperaturen nach einer längeren Sonneneinstrahlung. Begründe deine Aussage kurz. Verwende die Begriffe „Bodenfarbe“, „Licht“ und „Wärmestrahlung“.

3 Der Versuchsaufbau (► **C2**) ist ein Modellexperiment. Überlege, welcher Teil aus der Natur durch die Lampe, die Petrischalen sowie das weiße bzw. schwarze Papier simuliert wird.

Material D: Der Autoabgaskatalysator

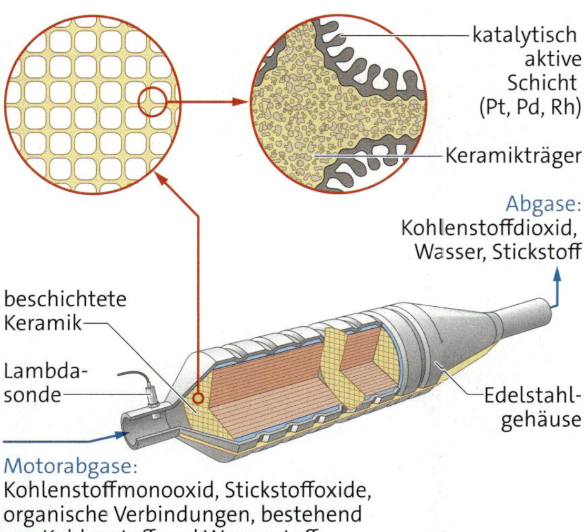

D1 Schnittdarstellung eines Dreiwegekatalysators für die Abgasreinigung von Ottomotoren

Der Autoabgaskatalysator ist heute aus unserem Alltag nicht mehr wegzudenken. Ungefähr 90 % der schädlichen Abgase, die beim Verbrennen von Benzin entstehen, werden mithilfe des Autoabgaskatalysators in weniger schädliche Stoffe umgewandelt.

D2 Abgasreinigung

1 Beschreibe die Wirkung eines Dreiwegekatalysators (► **D1**, **D2**).

2 Belege, dass der Autoabgaskatalysator kein Filter ist (► **D1**).

3 Stelle in einer Tabelle die Wirkungen der Motorabgase und der katalytisch bearbeiteten Abgase zusammen. Bewerte das Ergebnis.

Atombau und Periodensystem der Elemente

Unsere Welt besteht aus kleinsten Teilchen: den Atomen. Die Bausteine der Stoffe sind sehr viel winziger als ein Staubkorn und selbst unter einem einfachen Mikroskop nicht zu sehen. Es gibt über hundert verschiedene Elemente, die alle aus unterschiedlichen Atomsorten bestehen.

Zur Weltausstellung 1958 in Brüssel entwarfen Architekten ein 165-millionenfach vergrößertes Eisenatom als riesige, begehbare Skulptur: das Atomium, das seitdem als Wahrzeichen von Brüssel gilt.

Atome – Schalenmodell der Atomhülle

Der dänische Physiker Niels Bohr (1885–1962) entwickelte die Modellvorstellung vom Aufbau der Atome weiter. Mithilfe seines im Jahr 1913 vorgestellten Schalenmodells der Atomhülle kann man auch die Stellung der Elemente im PSE erklären.

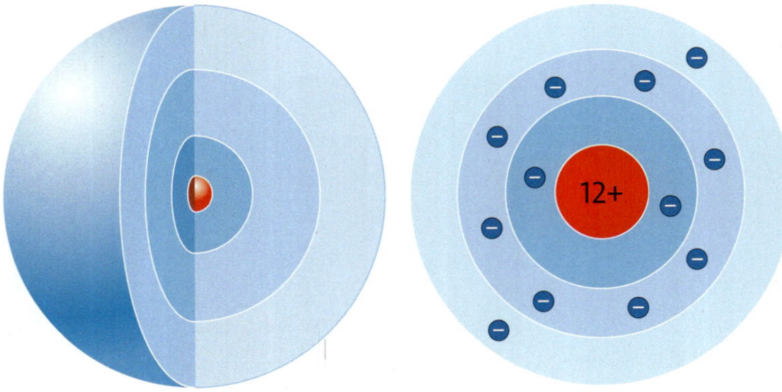

1 Räumliches und zweidimensionales Schalenmodell des Magnesiumatoms

Atomkern: Zentrum des Atoms

Elementarteilchen: Protonen
Symbol: p^+
Positiv elekrisch geladene Teilchen
Ladung: +1

Atomhülle: Raum um den Atomkern

Elementarteilchen: Elektronen
Symbol: e^-
Negativ elektrisch geladene Teilchen
Ladung: −1

2 Kern-Hülle-Modell des Atoms

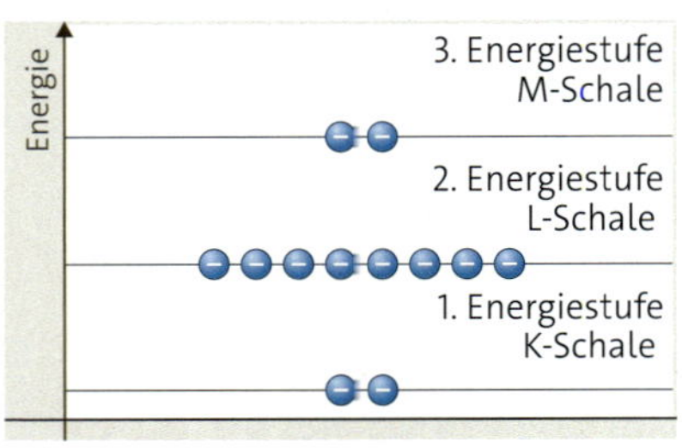

3 Energieniveauschema für ein Magnesiumatom (● Elektron)

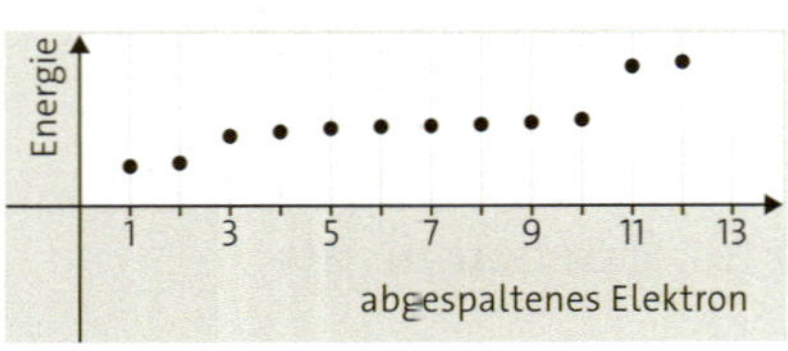

4 Energie für die Abspaltung der 12 Elektronen beim Magnesiumatom

Bau der Atome Wie bereits bekannt, bestehen Atome aus einem positiv elektrisch geladenen Atomkern, der von einer negativ elektrisch geladenen Atomhülle umgeben ist. Die Anzahl der positiven elektrischen Ladungen im Atomkern, die **Kernladung**, ergibt sich aus der Anzahl der sich im Atomkern befindlichen Protonen. Die Atomhülle wird durch die negativ elektrisch geladenen Elektronen gebildet. Die Anzahl der Protonen und der Elektronen in einem Atom stimmt überein (▸ **2**).

Elektronenanordnung in der Atomhülle Im Durchmesser etwa 10 000-mal größer als der Atomkern, so stellt man sich die ihn umgebende kugelförmige Atomhülle vor. In ihr bewegen sich die Elektronen. Sie verteilen sich aber nicht beliebig in der Atomhülle. Dies wurde bei Experimenten erkannt, bei denen Elektronen aus Atomen entfernt wurden. Die für eine Elektronenabspaltung aufzuwendende Energie müsste mit jedem entfernten Elektron stetig und gleichmäßig ansteigen, da die unveränderte positive Kernladung immer weniger Elektronen anzieht. Überraschend ist, dass die Differenz zwischen den zur Elektronenabspaltung benötigten Energien zum Teil recht unterschiedlich sind (▸ **4**). Wie im Diagramm ▸ **3** ersichtlich, sind einzelne Elektronen auf annähernd gleichem **Energieniveau**. Von anderen sind diese hingegen durch relativ starke Energiestufen getrennt.

Die für eine Elektronenabspaltung benötigte Energie wird mit dem unterschiedlichen Abstand der Elektronen vom Atomkern erklärt. Dabei bedeutet eine hohe Abspaltungsenergie einen relativ geringen Abstand, eine niedrige Energie einen großen Abstand zum Atomkern (▸ **3**).
Den genannten Energieniveaus lassen sich demnach Gruppen von Elektronen zuordnen, die einen ähnlichen Abstand vom Atomkern haben. Jede dieser Gruppen bildet eine **Elektronenschale**, einen kugelförmigen Raum mit dem Atomkern im Zentrum (▸ **1**).
Die Elektronen auf der äußersten Elektronenschale – höchstes Energieniveau – werden als **Außenelektronen** bezeichnet.

Energieniveauschema Eine Modellvorstellung, z. B. von einem Magnesiumatom, ist mit dem **Energieniveauschema** gegeben (▸ **3**). Je weiter eine Elektronenschale vom Atomkern entfernt ist, umso höher ist das Energieniveau der Elektronen, die sie besetzen. Für die Elektronen der Atome aller bisher bekannten Elemente werden 7 Energieniveaus unterschieden. Die Energieniveaus 1–7 entsprechen der 1. bis 7. Elektronenschale.

Die Atomhülle ist in Elektronenschalen gegliedert. In einer Elektronenschale halten sich Elektronen mit annähernd gleicher Energie und etwa gleichem Abstand vom Atomkern auf.

Anordnung der Elektronen In den einzelnen Elektronenschalen kann sich stets nur eine begrenzte Anzahl von Elektronen aufhalten. Die 1. Elektronenschale – sie ist dem Kern am nächsten – kann maximal zwei Elektronen aufnehmen. Die zweite Schale ist mit 8 Elektronen voll besetzt, die dritte Schale mit 18 Elektronen.

Elektronenschale	1	2	3	4	*n*
Maximal mögliche Elektronenanzahl	2	8	18	32	$2n^2$

5 Besetzung der Elektronenschalen

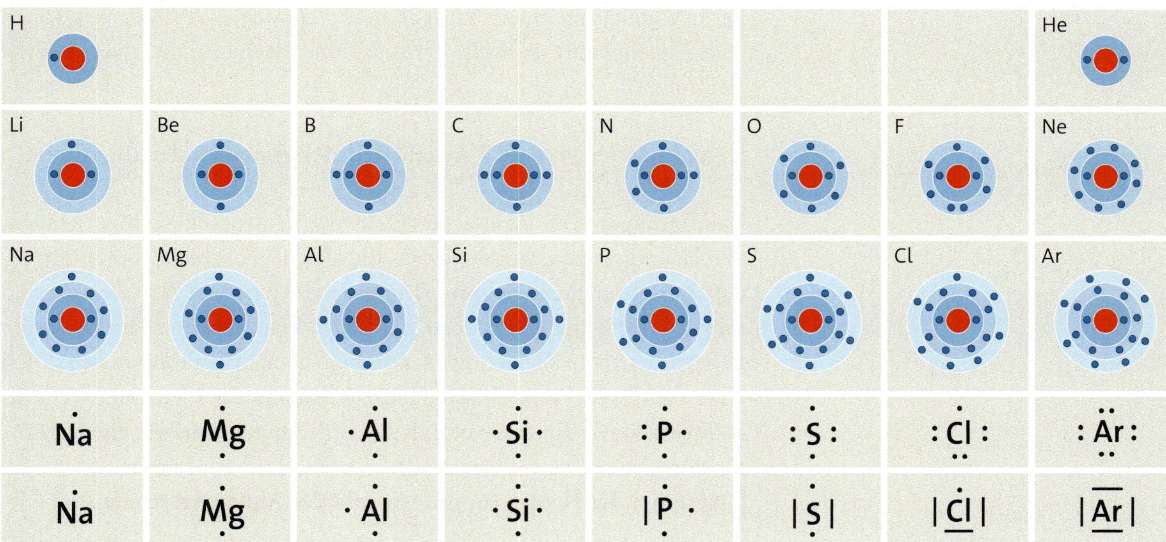

6 Elektronenanordnung und Elektronenschreibweise

Elektronenoktett Edelgase sind auffällig reaktionsträge Elemente. Bei Edelgasen ist mit Ausnahme von Helium die Außenschale mit acht Elektronen besetzt. Diese Anordnung wird als **Elektronenoktett** bezeichnet und ist besonders stabil. Bei den Heliumatomen wird eine stabile Anordnung bereits mit zwei Elektronen erreicht.

Elektronenschreibweise In der von dem Amerikaner GILBERT N. LEWIS (1875–1946) eingeführten **Elektronenschreibweise** werden die Außenelektronen hervorgehoben und durch Punkte am Symbol des Elements dargestellt. Bei mehr als vier Außenelektronen können jeweils zwei von ihnen, ein **Elektronenpaar**, durch einen Strich angegeben werden (▸ **6**).

Aufgaben

1 Zeichne ein Schalenmodell für ein Kaliumatom.

2 Vergleiche das Energieniveauschema eines Calciumatoms mit dem eines Schwefelatoms.

3 Gib die Elektronenschreibweise der Elemente Strontium und Phosphor an.

Periodensystem der Elemente

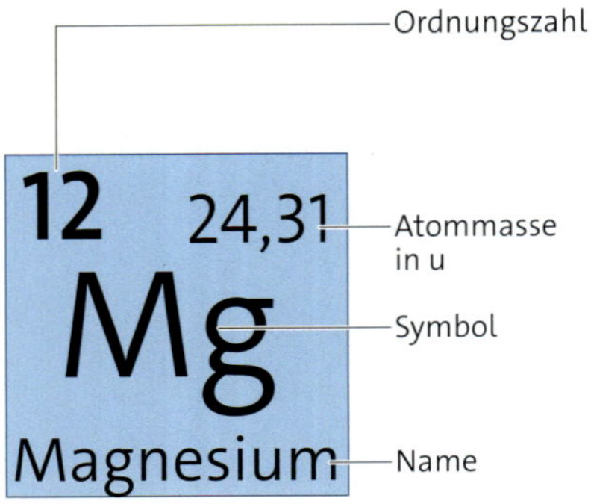

1 Ein Feld aus dem Periodensystem der Elemente

Ordnungszahl Im Periodensystem der Elemente sind die Elemente aufsteigend nach der Anzahl der Protonen in ihren Atomen angeordnet. Die **Ordnungszahl** entspricht der Anzahl der Protonen, die gleich der Kernladungszahl ist. Atome sind elektrisch neutrale Teilchen, deshalb ist die Ordnungszahl auch gleich der Anzahl der Elektronen.

Ordnungszahl ≙ Anzahl der Protonen = Anzahl der Elektronen

Perioden Jedes Element hat seinen Platz im Periodensystem in einer der sieben waagerechten Perioden. Die Zugehörigkeit eines Elements zu einer Periode ist davon abhängig, auf wie viele Elektronenschalen sich die Elektronen seiner Atome verteilen. Die Atome aller Elemente einer Periode haben die gleiche Anzahl besetzter Elektronenschalen. Jede Periode endet mit einem Edelgas, dessen Atome acht Außenelektronen (Elektronenoktett) aufweisen (Ausnahme: Helium mit zwei Außenelektronen).

Nummer der Periode ≙ Anzahl der Elektronenschalen des Atoms

Hauptgruppen Die Atome der Elemente in den senkrechten Spalten, den Hauptgruppen, weisen jeweils die gleiche Anzahl an Außenelektronen auf (Ausnahme: Helium). Die gleiche Anzahl an Außenelektronen führt zu Ähnlichkeiten in den chemischen Eigenschaften der Elemente.
In jeder der acht Hauptgruppen steht eine Elementfamilie, die sich durch enge chemische Verwandtschaft auszeichnet. In der I. Hauptgruppe findet man die Alkalimetalle und in der VII. Hauptgruppe die Halogene.

Nummer der Hauptgruppe ≙ Anzahl der Außenelektronen

2 Kohlenstoff (Diamant) und roter Phosphor sind Hauptgruppenelemente.

Gesetz der Periodizität In der Einordnung der chemischen Elemente ins Periodensystem äußert sich das **Gesetz der Periodizität**. Die gleiche Anzahl von Außenelektronen bedingt Ähnlichkeiten in den chemischen Eigenschaften der Elemente.
Die Atome der Elemente, die links im Periodensystem stehen, besitzen nur wenige Außenelektronen. Sie bilden mit Ausnahme von Wasserstoff Metalle. Die Atome dieser Elemente können ihre Außenelektronen leicht abgeben. Sie bewirken als Ladungsträger die elektrische Leitfähigkeit der Metalle. Innerhalb einer Periode nehmen die metallischen Eigenschaften der Elemente nach rechts hin ab (► **4**).
Die Elemente der V. bis VII. Hauptgruppe sind überwiegend Nichtmetalle. Deren Atome neigen zur Aufnahme von Elektronen (► **4**). Die Atome der Halogene besitzen sieben Außenelektronen. Ihre Reaktionsfreudigkeit spiegelt sich in der Aufnahme eines Elektrons wider.

Am Ende jeder Periode steht ein Edelgas. Die Atome dieser Elemente sind aufgrund ihres Elektronenoktetts (Ausnahme: Helium mit 2 Außenelektronen) reaktionsträge.

Atomradien Ebenfalls periodisch ändern sich die Atomradien der Elemente. Innerhalb einer Hauptgruppe wird mit jeder hinzukommenden Elektronenschale, die mit Elektronen besetzt ist, das Atom größer. Der Atomradius wird also größer.
Innerhalb einer Periode nimmt dagegen der Radius mit zunehmender Ordnungszahl ab. Ursache dafür ist die mit steigender Kernladung zunehmende Anziehungskraft der Protonen des Kerns auf die Elektronen der Atomhülle. Diese überwiegt, obwohl die Zahl der Elektronen stetig zunimmt (► **3**).

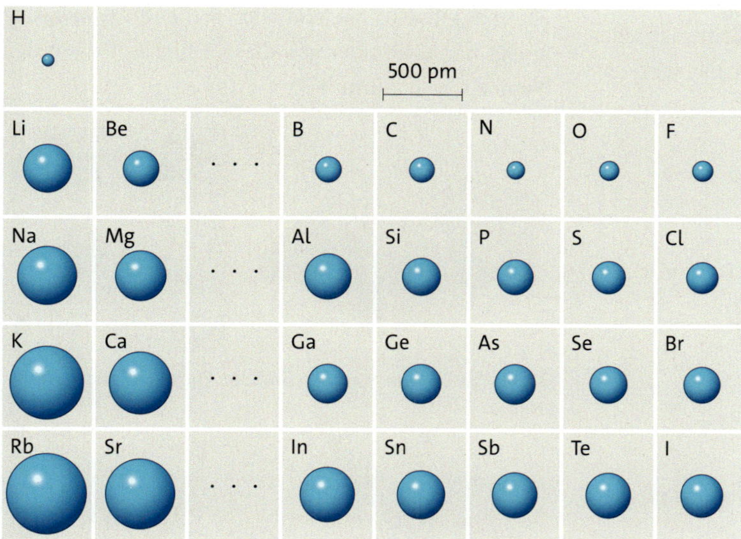

3 Atomradien von Hauptgruppenelementen (1 pm = 10^{-12} m)

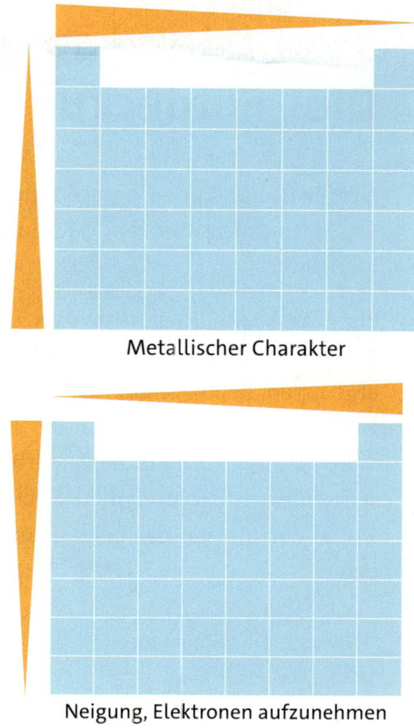

4 Tendenzen im Periodensystem

Je größer die Atome sind, desto leichter können die Außenelektronen abgegeben werden. Innerhalb der I. und II. Hauptgruppe nimmt die Reaktivität der Elemente von oben nach unten zu. Caesium reagiert sehr heftig mit Wasser, Lithium dagegen kaum.

Aufgaben

1 Suche im Periodensystem das Element Calcium. Gib von diesem Element die Ordnungszahl, die Nummer der Hauptgruppe und die Nummer der Periode an.

2 Prüfe mithilfe des Periodensystems die Richtigkeit der folgenden Aussage: Ein Sauerstoffatom hat 8 Elektronen, die auf 3 Elektronenschalen verteilt sind. Begründe deine Entscheidung.

3 Die Elektronen eines Atoms sind auf 3 Elektronenschalen verteilt. In der 3. Elektronenschale befinden sich 4 Außenelektronen. Gib an, um welches Atom es sich handelt.

4 Beschreibe am Beispiel des Elements Brom den Zusammenhang zwischen dem Atombau und dessen Stellung im Periodensystem.

5 Natrium reagiert heftig mit Chlor. Gib dafür eine Begründung an.

So entstand das Periodensystem – Die „Entdeckung“ von Elementen am Schreibtisch?

Naturwissenschaftler beschäftigten sich bereits im 19. Jahrhundert mit der Ordnung der chemischen Elemente.

Erste Versuche Johann-Wolfgang Doebereiner (1780–1849) stellte im Jahre 1829 Elemente in Dreiergruppen, den sogenannten Triaden, zusammen. In den „Triaden“ (▸1) befanden sich chemisch ähnliche Elemente mit der Besonderheit, dass die Atommasse des mittleren Elements sich als arithmetisches Mittel der Massen der beiden äußeren Elemente ergab.

Element	Atommasse	Mittelwert von Lithium und Kalium
Lithium	6,94 u	
Natrium	22,99 u	23,02 u
Kalium	39,10 u	

1 Die Triade „Lithium, Natrium, Kalium“ nach Doebereiner

Ordnung der „Verwandtschaften“ Der Russe Dmitri I. Mendelejew (1834–1907) und der Deutsche Lothar Meyer (1830–1895) entwickeln im Jahre 1869 unabhängig voneinander das Periodensystem der Elemente. Sie erkennen das Gesetzmäßige in der „Verwandtschaft“ der Elemente, ihre Zugehörigkeit zu unterschiedlichen Elementfamilien.

Das von Mendelejew entwickelte System enthielt alle 61 bis dahin bekannten Elemente.

„Die nach der Größe ihres Atomgewichts geordneten Elemente zeigen eine deutliche Periodizität ihrer Eigenschaften …“ (D. I. Mendelejew)

2 Mendelejew-Denkmal in St. Petersburg

Entdeckung des Germaniums Eine besondere wissenschaftliche Leistung ist die Entdeckung des Germaniums durch Clemens Winkler (1838–1904). Der Professor an der Bergakademie Freiberg fand dieses Element 1886 bei der Analyse von sächsischem Silbererz. Lothar Meyer und Theodor Hieronymos Richter (1825–1898) identifizierten das neue Element als „Eka-Silicium“, das D. I. Mendelejew als nach Silicium stehend vorausgesagt gesagt hatte. Winkler gab diesem Element dann den Namen Germanium (▸3).

32 72,61
Ge
Germanium

3 Das Metall Germanium und das Element Germanium im PSE

4 Präparate des Elements Germanium von Clemens Winkler

Aufgabe

1 Berechne in Döbereiners Triade Chlor–Brom–Iod den Mittelwert der Atommassen der beiden Elemente Chlor und Iod und vergleiche ihn mit der Atommasse von Brom.

Ableiten von Aussagen aus dem PSE

Aus dem Periodensystem der Elemente lässt sich der Bau der Atome eines Elements ableiten. Mit seiner Hilfe können die Eigenschaften eines Elements abgeschätzt und dessen chemisches Verhalten vorhergesagt werden. Ein Vorgehen nach einer bestimmten Schrittfolge ist dabei sinnvoll.

Leite aus dem Periodensystem Aussagen über das Element Schwefel ab.

1 Suche das Element im Periodensystem.
Schwefel hat das Elementsymbol S.

2 Ermittle von dem Element die Ordnungszahl, die Hauptgruppe und die Periode.
Schwefel hat die Ordnungszahl 16. Er steht in der VI. Hauptgruppe und in der 3. Periode.

3 Leite Aussagen zum Atombau des Elements ab. Ermittle die Zahl der Elektronenschalen und die Zahl der Außenelektronen seiner Atome.
Bau des Schwefelatoms:
- 16 Protonen im Atomkern
- 16 Elektronen in der Atomhülle
- 3 Elektronenschalen
- 6 Außenelektronen

4 Zeichne das Schalenmodell des Atoms des Elements.

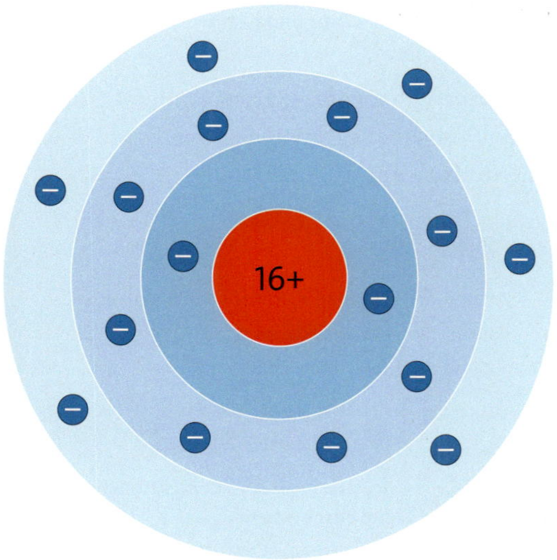

1 Das Schalenmodell des Schwefelatoms veranschaulicht seinen Bau.

5 Schätze den Atomradius ab. Als Grundlage dienen dabei die Tendenzen im Periodensystem:
Innerhalb der Hauptgruppe nimmt der Atomradius von oben nach unten zu. Innerhalb der Periode nimmt er von links nach rechts ab. Schwefelatome besitzen daher z. B. im Vergleich zu Sauerstoffatomen einen größeren Atomradius und im Vergleich zu Phosphoratomen einen kleineren Atomradius.

6 Schätze die Neigung der Atome des Elements zur Elektronenaufnahme bzw. Elektronenabgabe ab.
Schwefelatome besitzen 6 Außenelektronen. Um ein Elektronenoktett zu erreichen, nehmen sie zwei Elektronen auf.

7 Ermittle aus seiner Stellung im Periodensystem, ob das Element ein Metall oder ein Nichtmetall ist. Leite daraus Vermutungen über weitere Eigenschaften ab.
Schwefel steht im Periodensystem in der VI. Hauptgruppe und ist daher ein Nichtmetall. Schwefel ist bei Zimmertemperatur fest, dürfte eine relativ niedrige Schmelz- und Siedetemperatur besitzen. Als Nichtmetall dürfte Schwefel den elektrischen Strom nicht leiten.

8 Stelle Vermutungen darüber an, ob das Element eher mit Metallen oder mit Nichtmetallen reagieren könnte.
Es ist zu vermuten, dass Schwefel als Nichtmetall mit Metallen und auch mit Sauerstoff reagiert.

Atombau und Periodensystem der Elemente

Schalenmodell

Beschreibt den Bau der Atomhülle. Das Schalenmodell sagt aus, dass die Atomhülle in Elektronenschalen gegliedert ist. In jeder Elektronenschale befindet sich eine bestimmte Anzahl von Elektronen mit etwa gleicher Energie und gleichem Abstand zum Atomkern.

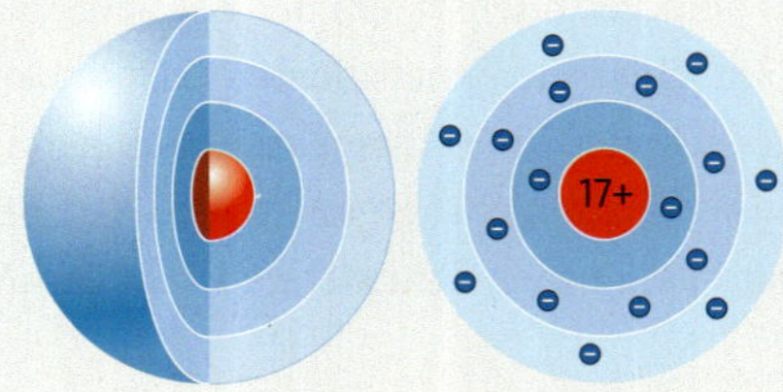

Schalenmodell des Chloratoms – räumlich und zweidimensional

Energieniveauschema

Modellvorstellung zum Atom. Elektronen eines Atoms besetzen unterschiedliche Energieniveaus. Jedes Energieniveau entspricht einer bestimmten Elektronenschale.

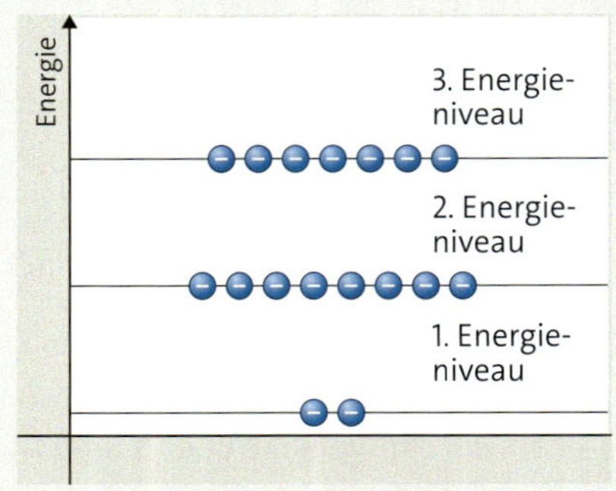

Energieniveauschema für ein Chloratom

Elektronenoktett

Besonders stabile Elektronenanordnung von acht Außenelektronen.

Elektronenschreibweise

Kennzeichnung der Außenelektronen am Symbol des Elements durch Punkte für einzelne Elektronen bzw. durch Striche für Elektronenpaare.

Lewis-Formeln für die Elemente Chlor und Neon

Periodensystem der Elemente

Anordnung aller bekannten chemischen Elemente nach steigender Anzahl der Protonen in ihren Atomen. Es zeigt sich eine regelmäßige periodische Wiederkehr von Elementen mit ähnlichem Bau ihrer Atome.

Zusammenhang zwischen dem Periodensystem der Elemente und dem Atombau

Angabe im Periodensystem	Atombau
Ordnungszahl	Anzahl der Protonen = Anzahl der Elektronen
Nummer der Hauptgruppe	Anzahl der Außenelektronen
Nummer der Periode	Anzahl der Elektronenschalen

Beziehungen im Periodensystem der Elemente

In einer Periode	In einer Hauptgruppe
– ist die Anzahl der Elektronenschalen gleich, – nimmt die Anzahl der Außenelektronen von 1 bis 8 zu, – nehmen die mtallischen Eigenschaften ab, die nichtmetallischen dagegen zu.	– steigt die Anzahl der Elektronenschalen von eins bis sieben, – ist die Anzahl der Außenelektronen gleich, – haben Verbindungen der Elemente übereinstimmende Zusammensetzung.

Teste dich

Aufgaben

1 Zeichne das Energieniveauschema eines Aluminiumatoms.

2 Beschreibe das Schalenmodell eines Bromatoms und leite daraus die Stellung des Elements im Periodensystem der Elemente ab.

3 Das Element Arsen hat die Ordnungszahl 33, steht in der V. Hauptgruppe und in der 4. Periode. Leite Aussagen über den Atombau dieses Elements ab.

4 Mithilfe von Modellen lassen sich naturwissenschaftliche Phänomene in vereinfachter Form darstellen. Beschreibe, worin sich das Schalenmodell vom Kern-Hülle-Modell unterscheidet.

5 Erläutere das „Gesetz der Periodizität“ am Beispiel der 2. und 3. Periode.

6 Überprüfe die folgenden Aussagen auf ihre Richtigkeit. Stelle falsche Aussagen richtig.
- **a** Die chemischen Elemente werden im Periodensystem nach steigender Atommasse angeordnet.
- **b** In den Perioden stehen Elemente, deren Atome die gleiche Anzahl von Elektronenschalen aufweisen.
- **c** Helium ist ein Edelgas, weil sich in seiner Außenschale acht Elektronen befinden.
- **d** Metalle besitzen viele Außenelektronen.

Hilfe zu den Aufgaben findest du auf den Seiten ...

1	36, 37	4	36
2	37, 38	5	38
3	37, 38	6	37–39

Weitergedacht

Material A: Atombau und Ionisierungsenergie

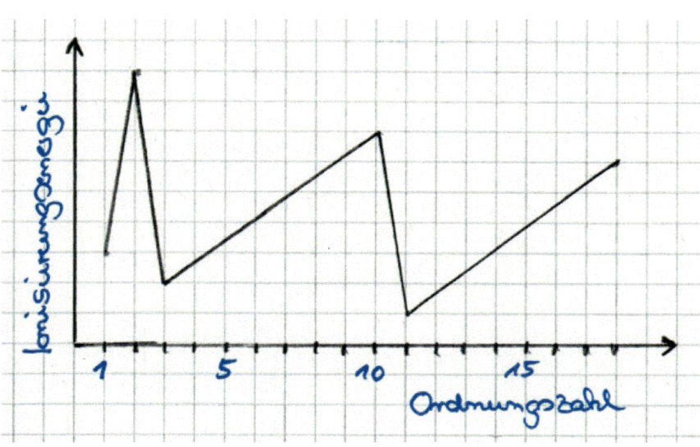

A1 Ionisierungsenergien für die Abspaltung des ersten Elektrons für die Atome der Elemente der ersten drei Perioden (Schülerskizze)

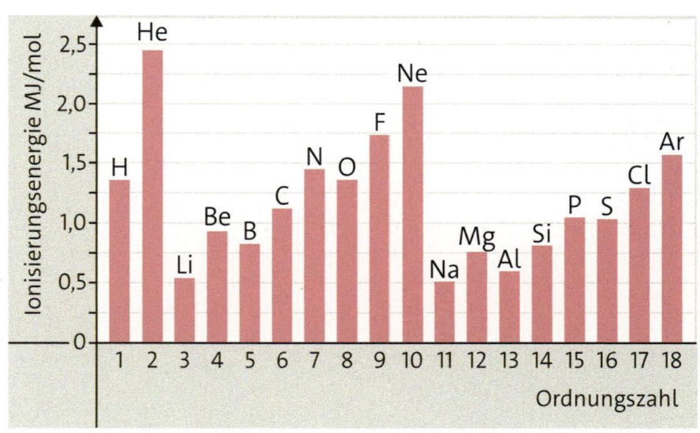

A2 Tatsächliche Ionisierungsenergien für die Abspaltung des ersten Elektrons

1 Beschreibe und erläutere den Verlauf der Ionisierungsenergien in der Schülerskizze (▸ **A1**).

2 Vergleiche die Schülerskizze mit dem tatsächlichen Verlauf der Ionisierungsenergien (▸ **A1, A2**).

3 Erläutere, warum der Verlauf in **A2** allein mit dem Schalenmodell der Atomhülle nicht zu erklären ist.

Wasser – eine chemische Verbindung

Wasser ist die Grundlage unseres Lebens und nicht nur für uns Menschen unentbehrlich. Für viele Tiere und Pflanzen ist Wasser der einzige Lebensraum. Der größte Vorrat an Süßwasser ist in den Eisbergen der Arktis und Antarktis gespeichert. In trockenen Gebieten ist Wasser ein so wertvolles Gut, dass es sogar aus der Luft gewonnen wird. Wasser ist aber nicht gleich Wasser: Nicht jedes Wasser kann der Mensch trinken. Salzwasser oder verschmutztes Wasser ist ebenso ungenießbar oder gesundheitsschädlich wie das reine destillierte Wasser.

Wasser und Wasserstoff

Exp. 1

Dichte von Wachs und Wasser

Schmilz Kerzenwachs in einer Teelichthülle und gib anschließend ein kleines Stück festes Wachs in die Flüssigkeit. Gib in einer zweiten Teelichthülle ein wenig Eis in Wasser.
Vergleiche das Schwimmverhalten des festen Kerzenwachses mit dem des Eiswürfels.
Entsorgung: Wasser in das Abwasser geben, Teelichthüllen und festes Wachs werden wieder verwendet.

Exp. 2

Verhalten von flüssigen Stoffen in Wasser

Fülle vier Reagenzgläser mit jeweils 5 ml destilliertem Wasser. Gib zu dem Wasser in den Reagenzgläsern jeweils etwa 1 ml Brennspiritus (GHS02), Speiseöl, Glycerin und Petroleumbenzin (GHS02). Verschließe die Gläser mit einem Stopfen und schüttle sie kräftig. Notiere und vergleiche deine Beobachtungen.
Entsorgung: Stoffe in den Behälter für halogenfreie organische Abfälle geben.

Exp. 3

Destillation verschiedener Wasserarten

Gib jeweils 4 ml der Proben verschiedener Wasserarten in Reagenzgläser ($d \geq 20$ mm) und destilliere so lange, bis etwa 1 ml Destillat entsteht. Vergleiche Geruch und Aussehen der Destillate mit denen der Ausgangsproben. Gib von jeder Ausgangsprobe und von dem jeweils dazugehörenden Destillat jeweils zwei Tropfen auf einen Objektträger und erhitze vorsichtig, bis die Flüssigkeit verdampft ist. Betrachte die Objektträger mit einer Lupe und vergleiche die Beobachtungen miteinander.
Entsorgung: Flüssigkeiten ins Abwasser geben.

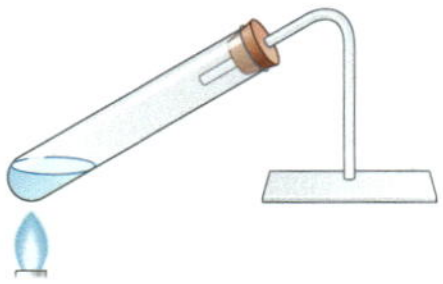

Exp. 4

Elektrische Leitfähigkeit verschiedener Wasserarten

Gib jeweils 50 ml verschiedener Wasserarten wie destilliertes Wasser, Trinkwasser, Tafelwasser, Mineralwasser, Bachwasser, Flusswasser, Tümpelwasser, Meerwasser und Regenwasser in Bechergläser. Untersuche mit einer Leitfähigkeitsprüfung die elektrische Leitfähigkeit der Proben.

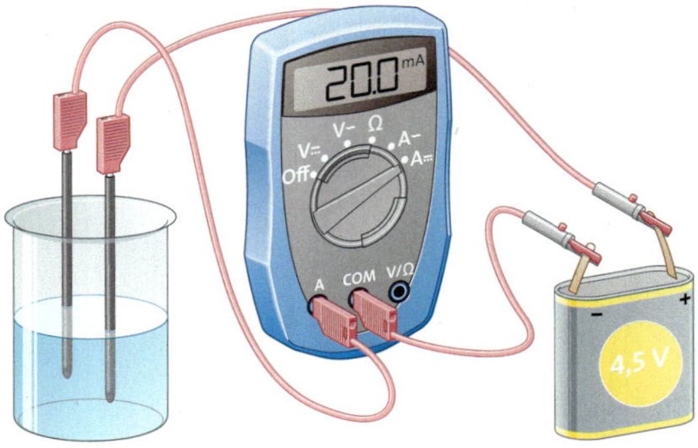

Fertige über die Ergebnisse eine tabellarische Übersicht an. Vergleiche die Ergebnisse der verschiedenen Wasserarten. Ziehe aus den Ergebnissen Schlussfolgerungen für den Umgang mit elektrischen Geräten im Badezimmer. Leite daraus ab, wie du dich beim Schwimmen in einem Gewässer verhalten musst, wenn ein Gewitter aufkommt. Begründe deine Aussagen.
Entsorgung: Flüssigkeiten ins Abwasser geben.

Exp. 5

Nachweis von Wasser

Gib auf drei Uhrgläschen je eine Spatelspitze weißgraues Kupfersulfat (GHS07|09) oder je einen kleinen Streifen Watesmo-Papier. Tropfe drei Tropfen Wasser zur ersten Probe, drei Tropfen Speiseöl zur zweiten und drei Tropfen Propanol (GHS02|05|07) zur dritten Probe. Vergleiche deine Ergebnisse.
Entsorgung: Kupfersulfat in Wasser lösen und in den Behälter für giftige anorganische Abfälle geben. Watesmo-Papier in den Hausmüll geben.

Exp. 6

Elektrische Zerlegung von Wasser

Befestige in einem mit Wasser gefüllten U-Rohr zwei Metall- oder Graphitelektroden. Verbinde anschließend die Elektroden mit einer Gleichspannungsquelle von ca. 9 V (z. B. Flachbatterie). Fange die entstehenden Gase pneumatisch mithilfe von zwei mit Wasser gefüllten Reagenzgläsern auf.

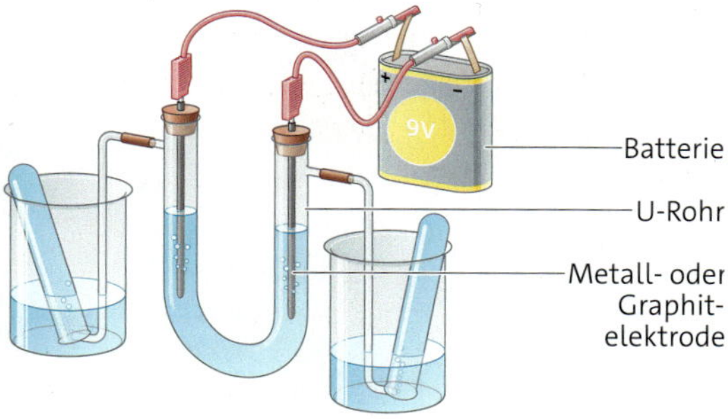

Identifiziere die Gase. Führe dazu mit beiden Gasen die Glimmspanprobe durch. Prüfe beide Gase auf Brennbarkeit (▸ Exp. 9).
Entsorgung: Flüssigkeiten ins Abwasser geben.

Exp. 7

Chemische Zerlegung von Wasser

In einem Reagenzglas werden einige Körnchen Calcium (GHS02) mit Wasser versetzt und das entstehende Gas durch Luftverdrängung oder pneumatisch aufgefangen und die Knallgasprobe durchgeführt.

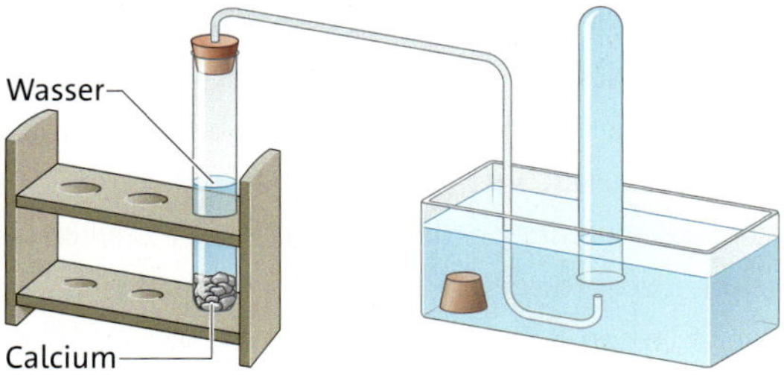

Beschreibe deine Beobachtungen. Deute das Ergebnis.
Entsorgung: Reste in Behälter für saure und alkalische Abfälle geben.

Exp. 8

Austreiben von im Wasser gelösten Gasen

In einem Becherglas wird ein Reagenzglas mit Wasser über einen Trichter gestülpt. Mit dem Bunsenbrenner wird das Wasser auf max. 90 °C erhitzt.
Notiere und begründe deine Beobachtungen.
Entsorgung: Flüssigkeiten ins Abwasser geben.

Exp. 9

Herstellung und Nachweis von Wasserstoff

Baue die Apparatur zum pneumatischen Auffangen eines Gases so wie in Bild 2 auf ▸ Seite 13 auf. Gib in das Reagenzglas mit seitlichem Ansatz zwei Körner Zink (GHS09) und tropfe mit der Pipette vorsichtig etwa 2 ml 10%ige Salzsäure (GHS05|07) hinzu.
Fülle vier Reagenzgläser mit dem entstehenden Gas (GHS02). Halte nach dem Füllen die ersten drei Reagenzgläser an eine kleine Brennerflamme.
Vorsicht! Nicht erschrecken! Halte das vierte Reagenzglas 10 s unverschlossen mit der Öffnung nach oben. Führe es danach an die kleine Brennerflamme.

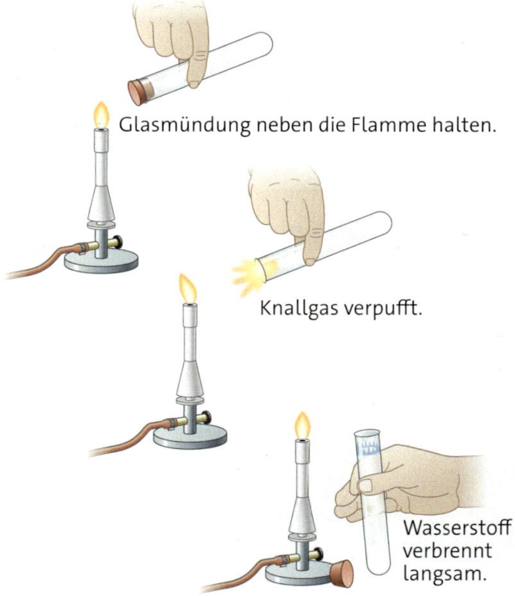

Beschreibe deine Beobachtungen. Leite daraus Eigenschaften des Wasserstoffs ab.
Entsorgung: Salzsäurereste in den Behälter für saure und alkalische Lösungen geben. Zinkreste abspülen, sie werden wieder verwendet.

Wasser – ein Element?

Der griechische Philosoph THALES nannte das Wasser den „Urgrund", aus dem alles wird und alles vergeht. Wasser galt in der Antike als eines der vier „Elemente". Im heutigen Periodensystem der Elemente sucht man allerdings vergeblich nach Wasser oder den anderen „Urelementen".

1 Ein Wasserfall als Urkraft des „Elements" Wasser

Eigenschaften	Wasser
Farbe Geruch Geschmack	farblos geruchlos geschmacklos
Schmelztemperatur	0 °C
Siedetemperatur	100 °C
Dichte bei 0 °C 4 °C	0,999 84 g/cm³ 1,00 g/cm³

2 Eigenschaften von Wasser

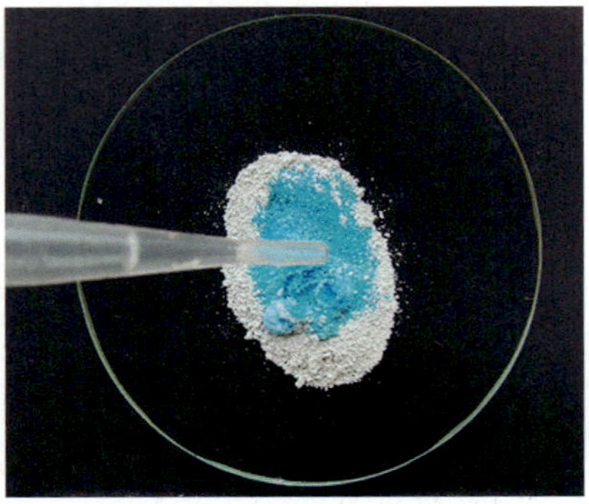

3 Nachweis von Wasser mit weißem Kupfersulfat

Wasser ist nicht gleich Wasser Trinkwasser wird im Alltag als reines Wasser bezeichnet, weil es keine chemischen oder biologischen Schadstoffe enthält. Da im Trinkwasser lebenswichtige Mineralstoffe vorhanden sind, ist es bekanntlich ein Stoffgemisch. Der reine Stoff Wasser dagegen besteht nur aus Wasserteilchen. Er wird z. B. durch Destillation (▸ Exp. 3, S. 46) erhalten.

Eigenschaften von Wasser Reines Wasser leitet den elektrischen Strom und die Wärme nur wenig. In natürlichen Gewässern und im Trinkwasser sind viele Stoffe gelöst (▸ Exp. 3, S. 46). Einige dieser Stoffe sind dafür verantwortlich, dass Proben dieser Wasserarten den elektrischen Strom leiten (▸ Exp. 4, S. 46).

Im Winter frieren Gewässer von oben nach unten zu. Eis hat eine geringere Dichte als Wasser und bildet sich deshalb erst an der Oberfläche des Gewässers. Die größere Dichte von Wasser bei 4 °C als bei 0 °C wird als **Dichteanomalie** des Wassers bezeichnet (▸ Exp. 1, S. 46; ▸ **2**).

Im Wasser können viele verschiedene Stoffe wie Kochsalz, Zucker und auch andere Flüssigkeiten gelöst werden (▸ Exp. 2, S. 46). Auch viele Gase sind in Wasser gut löslich (▸ Exp. 8, S. 47). Da z. B. im Wasser der Flüsse und Seen Sauerstoff gelöst ist, können die Fische über ihre Kiemen unter Wasser atmen und den erforderlichen Sauerstoff für ihre Stoffwechselprozesse erhalten. Die Löslichkeit von Gasen in Wasser nimmt bei höheren Temperaturen ab. In lang anhaltenden Hitzeperioden wird dadurch die Sauerstoffversorgung der Fische gefährdet.

Ob es sich bei einer farblosen Flüssigkeit um Wasser handelt, kann mit weißem (wasserfreiem) Kupfersulfat getestet werden: Nach Zugabe von Wasser entsteht blaues Kupfersulfat (▸ Exp. 5, S. 46; ▸ **3**). Diese Reaktion dient zum **Nachweis von Wasser**.

Zerlegung von Wasser Bei der Reaktion von Magnesium mit Wasserdampf bildet sich ein weißes Pulver: Magnesiumoxid. Der dafür notwendige Sauerstoff kann nur dem Wasser entzogen worden sein (▸ Exp. 10). Das pneumatisch aufgefangene Gas lässt sich entzünden – es ist Wasserstoff (▸ Exp. 9, S. 47). Auf ähnliche Weise wurde Wasserstoff durch Reaktion von Wasser mit Calcium erzeugt (▸ Exp. 7, S. 47).
Die Zerlegung von Wasser gelingt auch mithilfe des elektrischen Stroms (▸ Exp. 6, S. 47). Die entstehenden Gase können als Wasserstoff und Sauerstoff identifiziert werden.
Aus den Experimenten lässt sich ableiten, dass Wasser eine chemische Verbindung und kein chemisches Element ist.

Wasser (l) ⟶ Sauerstoff (g) + Wasserstoff (g) | endotherm

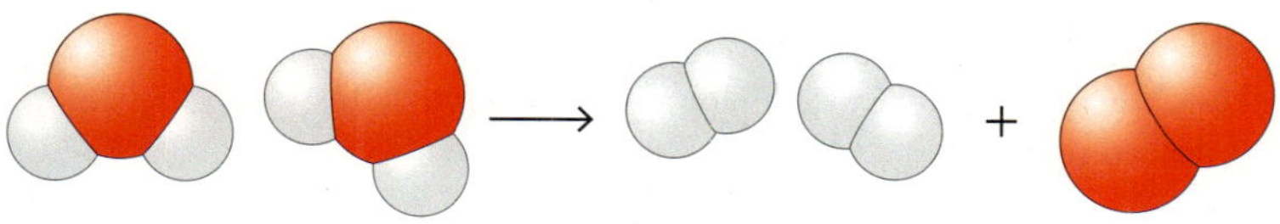

Bau des Wassers Wasser ist eine Molekülsubstanz. Jedes Wassermolekül besteht aus einem Atom Sauerstoff, an das zwei Atome Wasserstoff gebunden sind. Wasser hat deshalb die Formel H_2O.
Wie bei allen Molekülsubstanzen unterscheiden sich die Aggregatzustände des Wassers nur in der Anordnung der Wassermoleküle, nicht aber in ihrer Zusammensetzung.

Wasser ist eine chemische Verbindung, die sich in die Elemente Wasserstoff und Sauerstoff zerlegen lässt.

Sauerstoff lässt sich durch die Glimmspanprobe nachweisen. Wie aber lässt sich der Wasserstoff identifizieren?

Nachweis von Wasserstoff Wasserstoff ist ein brennbares Gas. Mit Luft oder Sauerstoff [$6\,\% < \varphi(H_2) < 67\,\%$] bildet Wasserstoff hochexplosive Gemische, die **Knallgas** genannt werden. Die **Knallgasprobe** liefert einen Hinweis, ob ein explosives Gemisch vorliegt (▸ Exp. 9, S. 47; Exp. 14, S. 51). Ein knallendes, ploppendes oder pfeifendes Geräusch deutet auf ein explosives Gemisch, ein ruhiges Abbrennen mit bläulicher Flamme hingegen auf reinen Wasserstoff.

Exp. 10 | L

Chemische Zerlegung von Wasser mit Magnesium

Ein Reagenzglas wird ca. 3 cm hoch mit Sand gefüllt und dieser mit Wasser getränkt. In das waagerecht eingespannte Reagenzglas wird eine Magnesiarinne mit Magnesiumspänen (GHS02) geschoben und das Reagenzglas mit einem durchbohrten Stopfen verschlossen, in dem ein Gasableitungsrohr steckt. Die Magnesiumspäne werden kräftig bis zum ersten Aufglühen erhitzt, anschließend wird der Sand schwach erwärmt. Das entstehende Gas wird pneumatisch aufgefangen (GHS02).

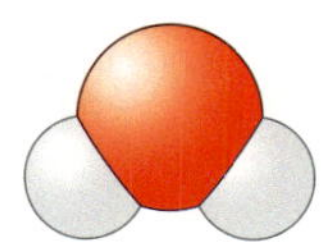

H_2O

4 Modell und Formel eines Wassermoleküls

Exp. 11 | L

Brennbarer Seifenschaum

Reiner Wasserstoff (GHS02|04) wird mithilfe einer Spritze in eine Porzellanschale, die mit Spülmittellösung gefüllt ist, geblasen. Die so entstandenen Seifenblasen werden mit einem langen brennenden Span angezündet.

Aufgaben

1 Begründe die Aussage: Wasser ist nicht gleich Wasser.

2 Beschreibe mithilfe des Teilchenmodells, was beim Sieden von Wasser passiert. Vergleiche mit der Zerlegung von Wasser durch den elektrischen Strom.

3 Die Knallgasprobe ist kein Nachweis für, sondern nur ein Hinweis auf Wasserstoff, da auch andere Gase mit Luft explosive Gemische bilden. Recherchiere, auf welche Gase dies ebenso zutrifft.

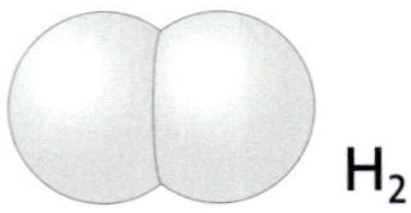

1 Modell und Formel eines Wasserstoffmoleküls

Exp. 12 | **L**

Brennbarkeit von Wasserstoff

In einen mit Wasserstoff (GHS02) gefüllten Standzylinder wird von unten eine brennende Kerze eingeführt und die Flamme beobachtet.

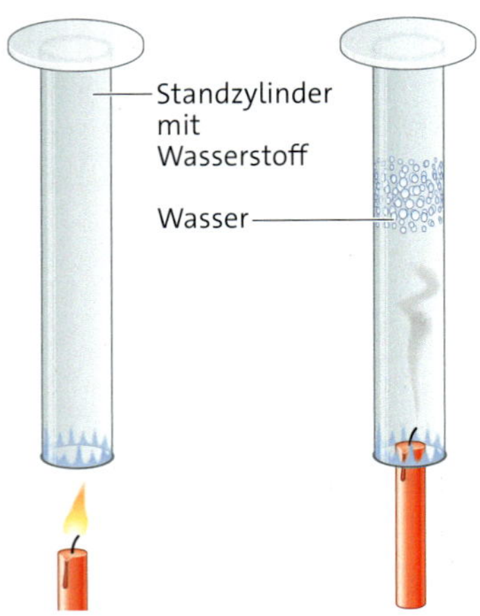

Bau und Eigenschaften von Wasserstoff Wasserstoff ist wie Sauerstoff und Stickstoff aus Molekülen aufgebaut. In einem Molekül Wasserstoff sind zwei Atome Wasserstoff durch starke Anziehungskräfte miteinander verbunden. Wasserstoff hat deshalb die Formel H_2 (▸**1**).

Wasserstoff gehört zu den Nichtmetallen. Er ist ein farbloses, geruchloses, ungiftiges und brennbares Gas (▸Exp. 12). Von allen bekannten Stoffen hat Wasserstoff die geringste Dichte. Er ist ungefähr 14-mal leichter als Luft.

Eigenschaften	Wasserstoff
Farbe (Gas)	farblos
Geruch	geruchlos
Schmelztemperatur	–259 °C
Siedetemperatur	–252 °C
Dichte bei 0 °C	0,089 88 g/l
Löslichkeit in Wasser (0 °C / Normdruck)	sehr gering: 1,98 mg/l
Brennbarkeit	brennbar

2 Eigenschaften von Wasserstoff

Vorkommen von Wasserstoff Wasserstoff kommt auf der Erde fast ausschließlich in gebundener Form vor. Die wichtigste Wasserstoffverbindung ist sein Oxid, das Wasser. Daneben tritt Wasserstoff vor allem im Erdgas, im Erdöl und in Kohlenhydraten gebunden auf. Während elementarer Wasserstoff in der unteren Atmosphäre nur in Spuren vorkommt, z. B. in Vulkangasen, besteht die in einigen 100 km Höhe sehr dünne Atmosphäre fast ausschließlich aus Wasserstoff.

Im Weltall ist Wasserstoff das mit Abstand häufigste Element (▸**4**). Er befindet sich vor allem in den Sternen und wird dort in einer thermonuklearen Reaktion zu Helium verschmolzen. Diese Teilchenfusion setzt unvorstellbare Energiemengen frei (▸**3**).

Wasserstoff besitzt die geringste Dichte aller Elemente.
In Gemischen mit Luft liefert die Knallgasprobe einen Hinweis auf die Anwesenheit von Wasserstoff.

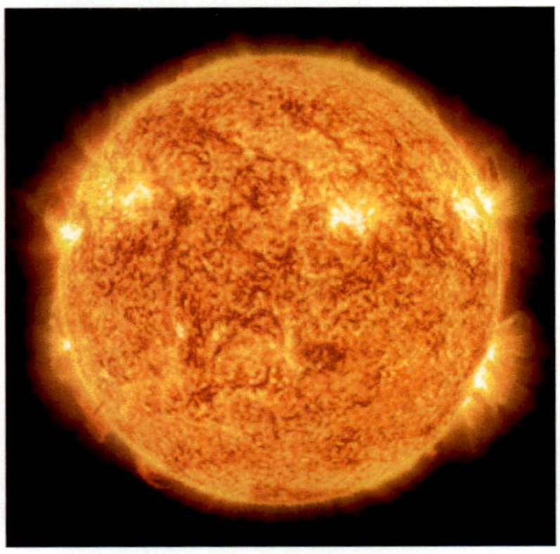

3 Unsere Sonne besteht zu 73 % ihrer Masse aus Wasserstoff.

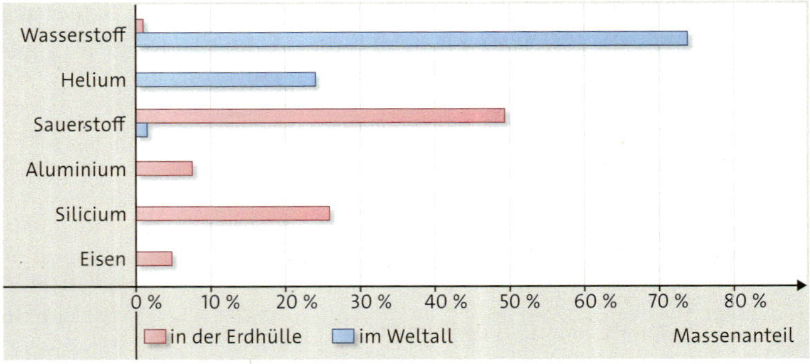

4 Massenanteil ausgewählter Elemente im Weltall und in der Erdhülle

Darstellung und Verwendung von Wasserstoff Wasserstoff wird im Labor in kleinen Mengen durch Reaktion von Salzsäure mit Zink hergestellt (▸ Exp. 13). Großtechnisch wird er zu über 90 % aus Erdöl gewonnen.
Aufgrund seiner geringen Dichte wurde Wasserstoff früher zur Befüllung von Luftschiffen verwendet, bevor er durch das sichere, nicht brennbare Helium ersetzt wurde. Ein entscheidendes Ereignis, das unbrennbare Helium als Traggas zu bevorzugen, war der Absturz des Luftschiffes „Hindenburg" am 6. Mai 1937 kurz vor seiner Landung in New York, als sich die Hülle und der darin befindliche Wasserstoff entzündeten und das Luftschiff fast vollständig abbrannte. Heute dient der Wasserstoff noch als Traggas für Wetterballons.
Wasserstoff ist neben Stickstoff ein Ausgangsstoff für die Herstellung von Ammoniak, einem wichtigen Grundstoff für die Düngemittelherstellung. Er wird auch vielseitig zur Energiegewinnung eingesetzt. So findet er als Raketentreibstoff und in der Technologie des Wasserstoffautos Anwendung.

Bildung von Wasser Da sich die Verbindung Wasser in Wasserstoff und Sauerstoff zerlegen lässt, müsste sich Wasser aus diesen beiden Elementen auch wieder bilden lassen. Beim Verbrennen von Wasserstoff (▸ Exp. 12) entsteht ein Reaktionsprodukt, das Kupfersulfat blau färbt. Das Reaktionsprodukt ist Wasser, das Oxid des Wasserstoffs. Es kondensiert z. B. auch bei der Knallgasprobe in Form winziger Tröpfchen am Glas. Somit kann Wasserstoff auch durch das Entstehen von Wasser nachgewiesen werden.
Die chemisch korrekte, aber nicht übliche Bezeichnung für Wasser ist Diwasserstoffmonooxid.

Wasserstoff (g) + Sauerstoff (g) ⟶ Wasser (l) | exotherm

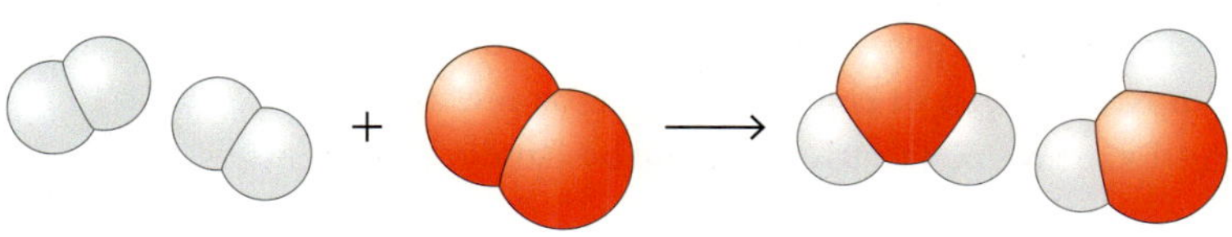

Aus den Elementen Sauerstoff und Wasserstoff kann Wasser wieder gebildet werden.

Exp. 13 | L

Wasserstoffdarstellung

In einen Kipp'schen Gasentwickler werden gekörntes Zink und 20%ige Salzsäure (GHS05) gefüllt. Durch Öffnen des Hahns wird die Reaktion gestartet.

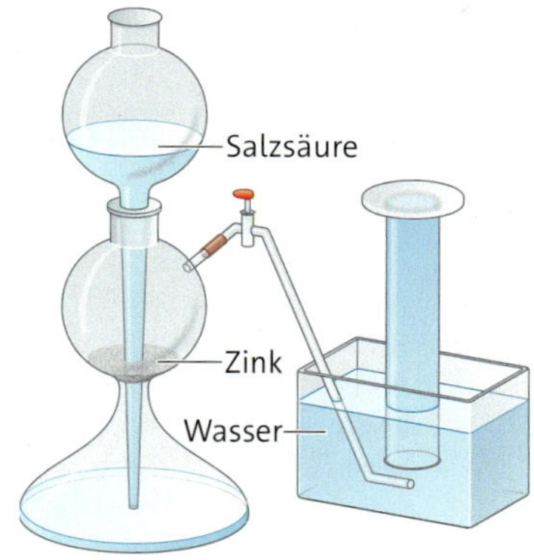

Exp. 14 | L

Böllerbüchse

Eine mit Wasserstoff (GHS02) gefüllte, nach unten offene Blechdose wird auf einen Dreifuß mit Tondreieck gestellt. Das aus dem Loch (Durchmesser 1 bis 2 mm) im Kopf der Dose ausströmende Gas wird mit einem Holzspan gezündet.

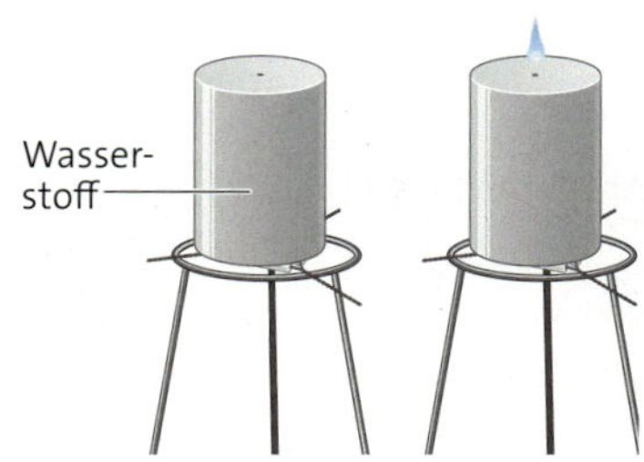

Aufgaben

1 Die Reaktion von Wasser mit Magnesium ist ein Hinweis darauf, dass Wasser eine Verbindung ist.
- **a** Begründe diese Aussage.
- **b** Erläutere den Bau des Wassers.
- **c** Formuliere für die Bildung und Zerlegung von Wasser die Reaktionsgleichung.

2 Begründe, warum beim Experimentieren mit Wasserstoff äußerst vorsichtig gearbeitet werden muss.

3 Leite Aussagen über Wasser aus der Formel H_2O ab.

4 Erkläre die Funktionsweise des Kipp'schen Gasentwicklers (▸ Exp. 13).

Mineralwasser – ein Stoffgemisch

1 Kabelbrand

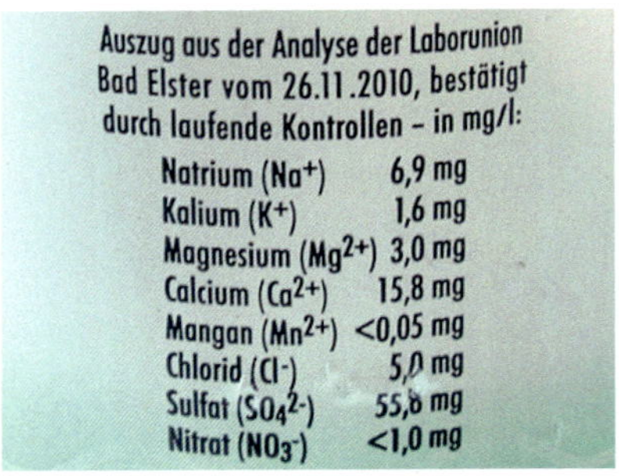

2 Etikett einer Mineralwasserflasche

Kation	Anion
Einfache Ionen	
Natrium-Ion Na^+	Chlorid-Ion Cl^-
Zusammengesetzte Ionen	
Ammonium-Ion NH_4^+	Hydrogen-carbonat-Ion HCO_3^-

3 Arten von Ionen

Teilchen	Natrium-atom	Natrium-Ion
Anzahl der Protonen	11	11
Anzahl der Elektronen	11	10
elektrische Ladung des Teilchens	keine	einfach positiv

4 Natriumatom und Natrium-Ion im Vergleich

Wasser – ein universelles Löschmittel? Immer wieder kommt es durch den Defekt elektrischer Geräte zu Bränden an Kabeln oder den Geräten selbst. Das Löschen eines solchen Brandes darf wegen der elektrischen Leitfähigkeit nicht mit Wasser erfolgen. Die Untersuchung verschiedener Wasserarten (▸ Exp. 4, S. 46) hat gezeigt, dass bis auf das destillierte Wasser die Wasserproben den elektrischen Strom gut leiten. Als Voraussetzung für die elektrische Leitfähigkeit eines Stoffes müssen frei bewegliche Ladungsträger vorhanden sein. In Metallen und Legierungen sind es frei bewegliche Elektronen, die für die elektrische Leitfähigkeit dieser Stoffe bzw. Stoffgemische verantwortlich sind. Die Leitfähigkeit von z. B. Trink-, Mineral- und Meerwasser wird durch die im Wasser gelösten Teilchen verschiedener Stoffe verursacht. Diese besitzen eine positive oder negative elektrische Ladung und sind im Wasser frei beweglich. Deshalb können sie als Ladungsträger für den elektrischen Strom dienen. Diese Teilchen werden als **Ionen** bezeichnet.

Ein Ion ist ein elektrisch positiv oder negativ geladenes Teilchen. In wässrigen Lösungen sind die Ionen Ladungsträger für den elektrischen Strom.

Vielfalt der Ionen Im Mineralwasser sind viele verschiedene Ionen enthalten (▸ **2**). Ist ein Ion positiv geladen, heißt es **Kation**. Ein negativ geladenes Ion wird als **Anion** bezeichnet. Die Art und Anzahl der elektrischen Ladungen des Ions wird oben rechts am Symbol des jeweiligen Elements angegeben (▸ **3**). Ionen können sich aus nur einem Element ableiten – man spricht von **einfachen Ionen**. Sind mehrere Atomarten am Aufbau des Ions beteiligt, entsteht ein **zusammengesetztes Ion** (▸ **3**).
Ein Natrium-Ion ist ein einfaches Kation mit der Ladung +1. Ein Chlorid-Ion ist ein einfaches Anion und besitzt die Ladung –1.

Atome und Ionen im Vergleich Atome und Ionen unterscheiden sich in ihrer Ladung: Ein Atom besitzt genauso viele Protonen wie Elektronen. Die positiven und negativen Ladungen gleichen sich aus, d. h., das Teilchen ist neutral. Ein Ion besitzt immer die gleiche Anzahl von Protonen im Atomkern wie das entsprechende Atom, hat aber in der Atomhülle mehr oder weniger Elektronen als Protonen im Atomkern. Deshalb haben Ionen eine elektrische Ladung.

Atom	Anzahl der Protonen	=	Anzahl der Elektronen
Kation	Anzahl der Protonen	>	Anzahl der Elektronen
Anion	Anzahl der Protonen	<	Anzahl der Elektronen

Ein einfach positiv geladenes Natrium-Ion besitzt 11 positiv geladene Protonen im Kern und 10 negativ geladene Elektronen in der Hülle (▸ **4**).

Vom Atom zum Ion Entsprechend den Besetzungsregeln der Atomhülle (▸ S. 37) sind im Natriumatom 2 Elektronen auf der ersten Schale, 8 Elektronen auf der zweiten Schale und 1 Elektron auf der dritten Schale. Die 10 Elektronen des Natrium-Ions befinden sich auf den ersten beiden Elektronenschalen, die dritte Elektronenschale bleibt unbesetzt (▸ **5**). Diese Elektronenanordnung entspricht der des Edelgases Neon (▸ **7**).
Im Chloratom beträgt die Anzahl der Elektronen auf den ersten drei Schalen 2, 8 und 7. Das Chlorid-Ion besitzt auf der dritten Schale aber 8 Elektronen (▸ **6**). Seine Elektronenanordnung entspricht der des Edelgases Argon.
Sowohl das Natrium-Ion als auch das Chlorid-Ion verfügen über eine voll besetzte äußere Elektronenschale, d. h., sie besitzen ein besonders stabiles Elektronenoktett (▸ S. 37).

Die Art der Ionenbildung lässt sich aus dem Periodensystem ableiten. Sie erfolgt stets auf dem einfachsten (energieärmsten) Weg. So geben die Elemente der I. bis III. Hauptgruppe Elektronen ab, um als Ion stabil zu sein; die Elemente der V. bis VII. Hauptgruppe nehmen Elektronen auf, um stabile Ionen bilden zu können (▸ **7**).

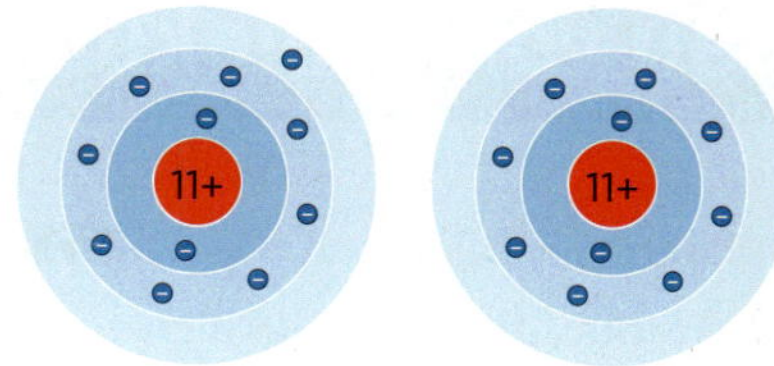

5 Modell vom Bau des Natriumatoms und des Natrium-Ions

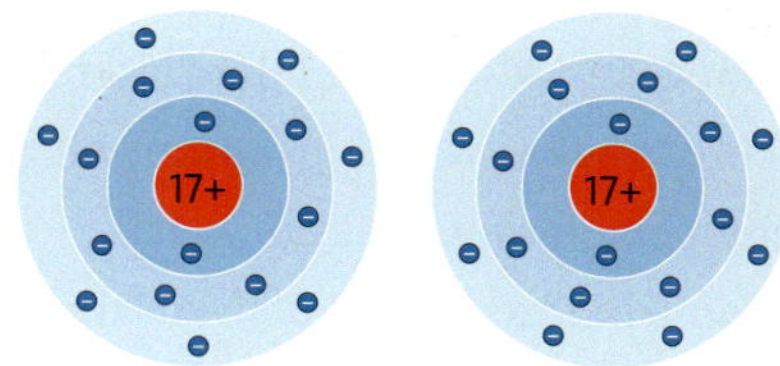

6 Modell vom Bau des Chloratoms und des Chlorid-Ions

Hauptgruppe	I.	II.	III.	IV.	V.	VI.	VII.	VIII.
Bau des Atoms	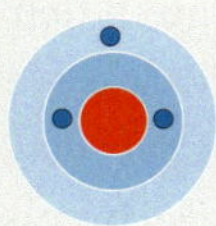	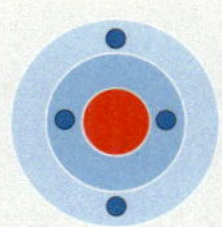	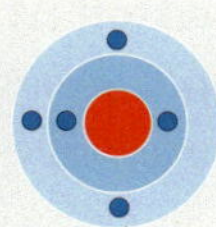	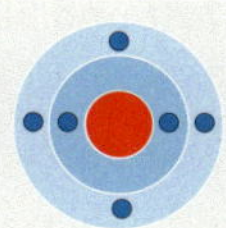	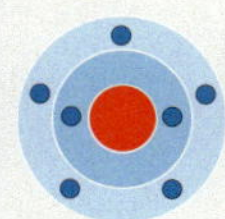	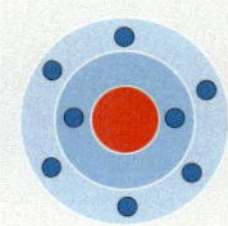	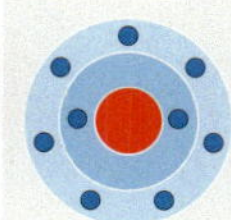	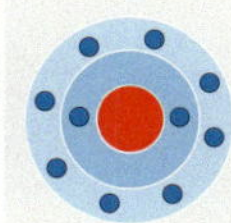
	Li	Be	B	C	N	O	F	Ne
Bau des Ions	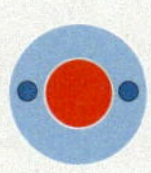	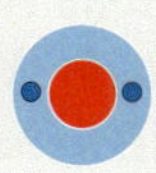	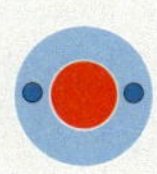	Kationen oder Anionen möglich, bildet aber nur selten Ionen	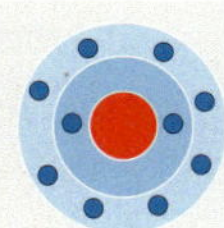	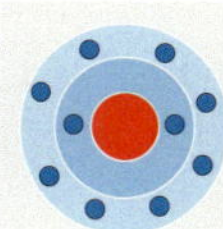	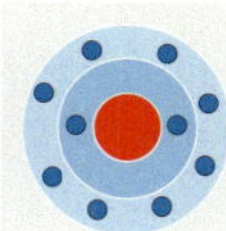	bildet keine Ionen, da es als Atom schon stabil ist; „Edelgase“
	Li^+ Lithium-Ion	Be^{2+} Beryllium-Ion	B^{3+} Bor-Ion		N^{3-} Nitrid-Ion	O^{2-} Oxid-Ion	F^- Fluorid-Ion	
Ladung des Ions	„Bildung von Kationen entspricht der Nummer der Hauptgruppe“				„Bildung von Anionen: 8 minus Nummer der Hauptgruppe“			

7 Ionenladung und PSE

Aufgaben

1 Vergleiche zwei verschiedene Mineralwassersorten hinsichtlich der Ionen, die in ihnen enthalten sind.

2 Ordne die in Bild ▸ 7 genannten Ionen entsprechend der ▸ Tabelle 3.

3 Gib die Anzahl der Protonen und Elektronen in den folgenden Ionen an: K^+, Ca^{2+}, Al^{3+}, Br^-, O^{2-}, N^{3-}.

4 Leite aus der Stellung des Elements im Periodensystem die Ladung des Ions ab: Kalium-Ion, Barium-Ion, Iodid-Ion, Phosphid-Ion, Aluminium-Ion.

5 Gib die Elektronenverteilung im Magnesium-Ion und im Sulfid-Ion an.

Bau von Molekülsubstanzen – Atombindung

Wasserstoff, Sauerstoff und Wasser sind Stoffe, die aus Molekülen aufgebaut sind. Sie sind im Normzustand (▸ Anhang) gasförmig bzw. flüssig. Andere Molekülsubstanzen – z. B. das Iod – sind bei Zimmertemperatur fest. Trotz aller Unterschiede haben Molekülsubstanzen eins gemeinsam: die Art, wie die Atome in ihren Molekülen zusammenhalten.

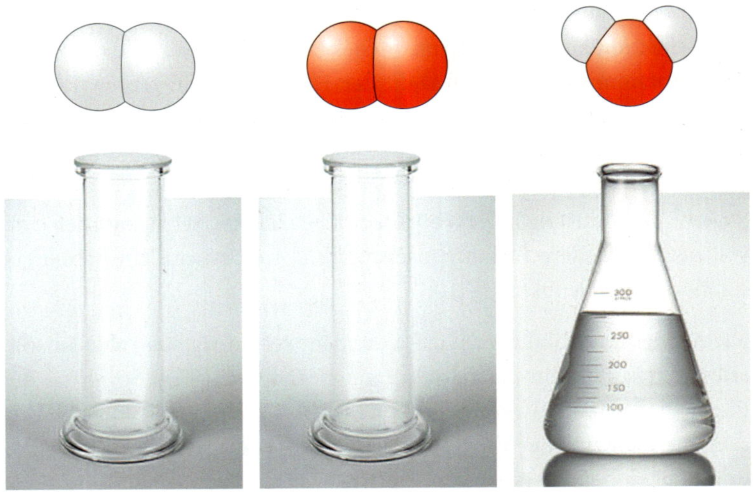

1 Stoffproben und Teilchenmodell von Wasserstoff, Sauerstoff und Wasser

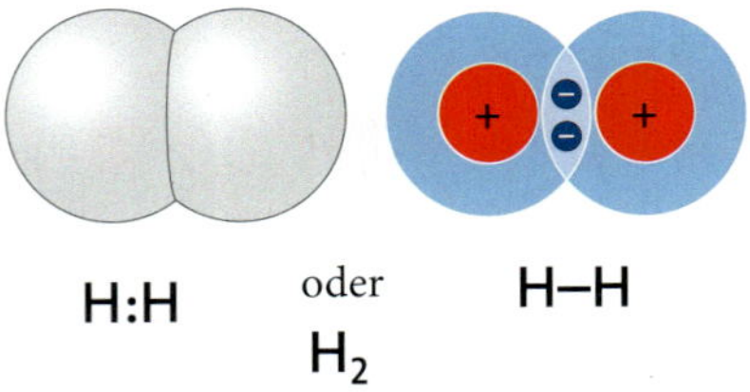

2 Molekülmodell, Schalenmodell und Formeln von Wasserstoff

Wasserstoff und Sauerstoff Wie ihr wisst, sind in den Molekülsubstanzen von Wasserstoff und Sauerstoff in jedem Molekül jeweils zwei Atome durch starke Anziehungskräfte miteinander verbunden. Der Zusammenhalt von Teilchen in Stoffen wird allgemein als **chemische Bindung** bezeichnet.

Chemische Bindung im Wasserstoffmolekül Ein Wasserstoffatom besitzt ein Elektron in seiner Atomhülle. Ein Wasserstoffteilchen ist erst dann stabil, wenn es über zwei Außenelektronen verfügt (▸ S. 37). Dies ist der Fall, wenn zwei Wasserstoffatome ihre beiden Elektronen gemeinsam nutzen können (▸ **2**). So durchdringen sich die Atomhüllen der beiden Wasserstoffatome gegenseitig. Die beiden Elektronen bewegen sich gemeinsam um die Atomkerne beider Wasserstoffatome. So entsteht ein **gemeinsames Elektronenpaar**. Die chemische Bindung zwischen den beiden Wasserstoffatomen wird als **Atombindung** oder **Elektronenpaarbindung** bezeichnet. Sie tritt in allen Molekülen gasförmiger, flüssiger oder fester Stoffe auf.

> **Die Atombindung (Elektronenpaarbindung) ist eine Art der chemischen Bindung, die durch gemeinsame Elektronenpaare zwischen Atomen bewirkt wird.**

Atombindung und Elektronenschreibweise An einer Atombindung sind stets nur die Außenelektronen eines Atoms beteiligt. Zur Darstellung dieser chemischen Bindung wird die Elektronenschreibweise nach GILBERT N. LEWIS (▸ S. 37) verwendet. Ein gemeinsam genutztes Elektronenpaar, ein **bindendes** Elektronenpaar, wird in der Formel eines Moleküls als Strich zwischen den Symbolen dargestellt (▸ **2**).

Atombindung im Sauerstoffmolekül Aus der bekannten Formel O_2 für Sauerstoff kann abgeleitet werden, dass Sauerstoffmoleküle aus zwei Sauerstoffatomen bestehen. Zwei Außenelektronen jedes Sauerstoffatoms müssen im Molekül gemeinsam genutzt werden, damit jedem Atom acht Außenelektronen zur Verfügung stehen (▸ S. 37). Im Sauerstoffmolekül überlappen sich damit die Atomhüllen der beiden Atome und je zwei der sechs Außenelektronen eines Atoms umkreisen gemeinsam beide Atomkerne. So existieren im Sauerstoffmolekül zwei gemeinsame Elektronenpaare, die die Atombindung bewirken (▸ **3**).
In der Lewis-Formel werden auch die nicht an der chemischen Bindung beteiligten Elektronen zu Paaren zusammengefasst und als Strich dargestellt. Sie werden als **freie Elektronenpaare** bezeichnet.

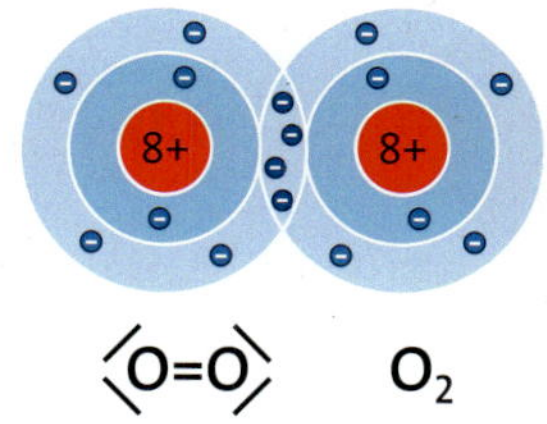

3 Modell der Elektronenpaarbindung und Lewis-Formel von Sauerstoff

Atombindung in weiteren Molekülsubstanzen Auch Stickstoff, Chlor, Brom oder Iod bestehen aus zweiatomigen Molekülen. Ihre Atome sind durch starke Atombindungen in den jeweiligen Molekülen vereint.
Chlor ist ein Element der VII. Hauptgruppe. Jedes Chloratom besitzt auf seiner Außenschale, der dritten Elektronenschale, sieben Elektronen. Im Chlormolekül steuert jedes Chloratom ein Elektron seiner sieben Außenelektronen zu einem gemeinsamen Elektronenpaar bei (▸ **4**). Mit acht Elektronen hat dann jedes der gebundenen Chloratome eine stabile Elektronenanordnung der Edelgasatome, ein Elektronenoktett, wie die Atome des Edelgases Argon.
Hauptbestandteil der Luft ist Stickstoff. Da ein Stickstoffatom nur fünf Außenelektronen besitzt, müssen in einem Stickstoffmolekül (N_2) drei gemeinsame Elektronenpaare zwischen den Atomen gebildet werden:
|N≡N|

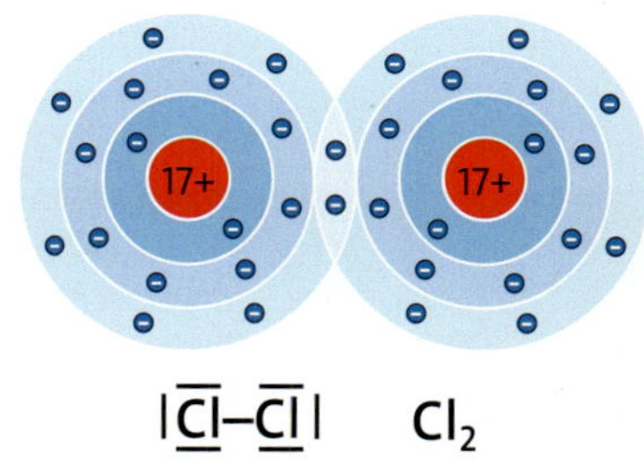

4 Modell der Elektronenpaarbindung und Lewis-Formel von Chlor

Existiert zwischen zwei Atomen mehr als ein gemeinsames Elektronenpaar, so wird die Bindung entsprechend der Anzahl der gemeinsamen Elektronenpaare als **Doppelbindung** bzw. **Dreifachbindung** bezeichnet. Die aus einem gemeinsamen Elektronenpaar gebildete Atombindung wird analog **Einfachbindung** genannt.

Wasserstoff, Kohlenstoff, Stickstoff, Sauerstoff, Phosphor, Schwefel und Chlor sind die häufigsten in Molekülen vorkommenden Elemente. Auch wenn unterschiedliche Atome in einem Molekül miteinander verknüpft sind, müssen die Stabilitätsregeln erfüllt sein. Jedes Atom muss eine bestimmte Anzahl von gemeinsamen Elektronenpaaren zu seinen Bindungspartner bilden, damit das entstehende Molekül ein stabiles Teilchen ist (▸ **5**).

Anzahl			Beispiel
Außenelektronen	fehlender Außenelektronen	gemeinsamer Elektronenpaare	
1	1	1	H
4	4	4	C
5	3	3	N, P
6	2	2	O, S
7	1	1	Cl

5 Bildung gemeinsamer Elektronenpaare in Molekülsubstanzen

Aufgaben

1 Gib die Formeln in Elektronenschreibweise für die Stoffe Iod und Fluor an.

2 Beschreibe die Atombindung am Beispiel des Wasserstoffmoleküls.

3 Stelle die Elektronenpaarbindung im Brommolekül modellhaft dar und gib die Lewis-Formel an.

4 Vergleiche die durch folgende chemische Zeichen angegebenen Teilchen: O, O^{2-} und O_2.

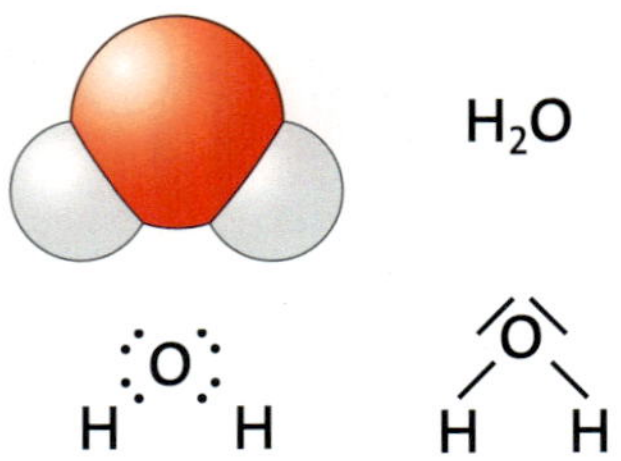

1 Molekülmodell und Formeln des Wassers

Chemische Bindung im Wassermolekül Die drei Atome im Wassermolekül sind fest miteinander verbunden. Um die chemische Bindung zu spalten, ist Energie notwendig, z. B. elektrische Energie (▸ Exp. 7, S. 47). Im Wassermolekül sind zwei Wasserstoffatome jeweils über ein gemeinsames Elektronenpaar mit dem Sauerstoffatom verbunden. Für die Atombindung steuert jedes Wasserstoffatom sein Elektron bei und das Sauerstoffatom stellt zwei seiner sechs Außenelektronen zur Verfügung. Durch die gemeinsame Nutzung eines Elektronenpaars im Wassermolekül besitzt jedes Wasserstoffatom zwei Außenelektronen und das Sauerstoffatom verfügt über acht Außenelektronen (▸ **1**). Im Wassermolekül haben die beiden Wasserstoffatome die stabile Elektronenanordnung des Edelgases Helium; das Sauerstoffatom hat die Elektronenanordnung des Edelgases Neon (Oktettregel, ▸ S. 37).

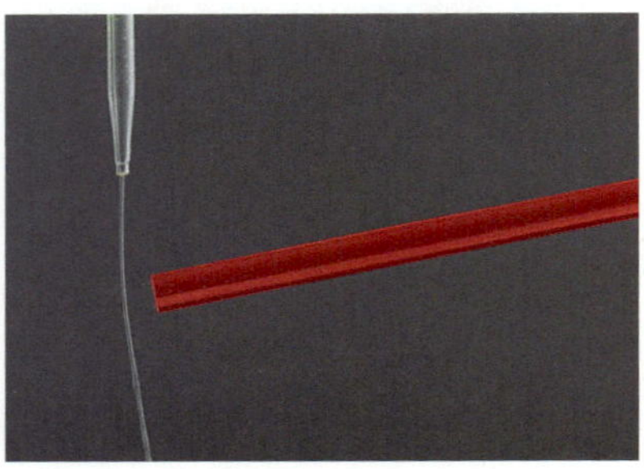

2 Ablenkung eines Wasserstrahls durch einen elektrisch aufgeladenen Kunststoffstab

Polarität der chemischen Bindung Lädt man einen Kunststoffstab durch starke Reibung elektrisch auf, so kann dieser einen Wasserstrahl in seinem Verlauf ablenken (▸ **2**). Ein Stoff kann sich aber nur so verhalten, wenn in seinen Molekülen selbst getrennte Ladungen oder **Ladungsschwerpunkte** vorliegen.
Die Atombindungen in Wassermolekülen bestehen zwischen zwei verschiedenen Atomen. Die unterschiedliche Kernladungszahl der Atome und ihre unterschiedliche Größe bewirken, dass auf die gemeinsamen Elektronenpaare unterschiedlich starke Kräfte wirken. Im Wassermolekül werden die beiden gemeinsamen Elektronenpaare stärker vom Sauerstoffatom angezogen und somit zu diesem hin verschoben. Am Sauerstoffatom entsteht dadurch ein negativer Ladungsschwerpunkt, der durch δ– (sprich: Delta minus) gekennzeichnet wird. An den Wasserstoffatomen entsteht durch den teilweisen Entzug der negativ geladenen Elektronen ein positiver Ladungsschwerpunkt δ+ (sprich: Delta plus). Die Atombindung zwischen dem Sauerstoff- und dem Wasserstoffatom im Wassermolekül ist **polar**.

In Molekülen mit Atomen verschiedener Elemente führt die unsymmetrische Verteilung der bindenden Elektronenpaare zu einer polaren Atombindung.

H 2,1							He –
Li 1,0	Be 1,5	B 2,0	C 2,5	N 3,0	O 3,5	F 4,0	Ne –
Na 0,9	Mg 1,2	Al 1,5	Si 1,8	P 2,1	S 2,5	Cl 3,0	Ar –
K 0,8	Ca 1,0	Ga 1,6	Ge 1,8	As 2,0	Se 2,4	Br 2,8	Kr –
Rb 0,8	Sr 1,0	In 1,7	Sn 1,8	Sb 1,9	Te 2,1	I 2,5	Xe –

3 Elektronegativitätswerte (EN) der Hauptgruppenelemente nach PAULING

Elektronegativitätswerte chemischer Elemente Der US-amerikanische Chemiker LINUS PAULING (1901–1994) ordnete 1932 den Atomen entsprechend ihrer Stärke, gemeinsame Elektronenpaare an sich zu ziehen, einen Wert zu: den **Elektronegativitätswert**. Die Werte liegen in der Skala nach PAULING zwischen 0,7 und 4,0 und haben keine Einheit (▸ **3**). Je höher dieser Wert ist, desto größer ist die Anziehungskraft des Atoms auf das gemeinsame Elektronenpaar.
Der Vergleich der Elektronegativitätswerte von Sauerstoff (EN = 3,5) und Wasserstoff (EN = 2,1) zeigt, dass das Sauerstoffatom im Wassermolekül eine deutlich größere Anziehungskraft auf die gemeinsamen Elektronenpaare ausübt als die beiden Wasserstoffatome.

Räumlicher Bau des Wassermoleküls Die Ablenkung des Wasserstrahls (▸ **2**) wird erst verständlich, wenn man den räumlichen Bau des Wassermoleküls berücksichtigt. Besteht ein Molekül aus mindestens drei Atomen, gibt es theoretisch mehrere Möglichkeiten zur räumlichen Anordnung der Atome (▸ **4**). Welche Möglichkeit entspricht dem Wassermolekül?
Elektronen sind negativ geladen und stoßen sich dadurch untereinander ab. Sie werden stets den größten ihnen zur Verfügung stehenden Raum einnehmen. Aus dieser Erkenntnis wurde das **Elektronenpaarabstoßungsmodell** entwickelt, mit dessen Hilfe man den räumlichen Bau von Molekülen vorhersagen kann. Dieses Modell betrachtet alle Außenelektronen des im Zentrum eines Moleküls stehenden Atoms und ordnet sie zu bindenden und freien Elektronenpaaren. Die Anordnung der Elektronenpaare erfolgt so, dass sie den größten ihnen zur Verfügung stehenden Raum einnehmen. Freie Elektronenpaare stoßen sich stärker ab als bindende. Ein räumliches Modell vom Bau des Wassermoleküls (▸ **5**) verdeutlicht, dass bei linearer Anordnung der drei Atome keine maximale Abstoßung der Elektronenpaare erfolgt. Dies wird nur durch eine gewinkelte Anordnung gewährleistet.

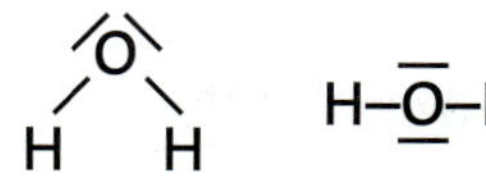

4 Theoretisch mögliche Anordnungen der Atome im Wassermolekül

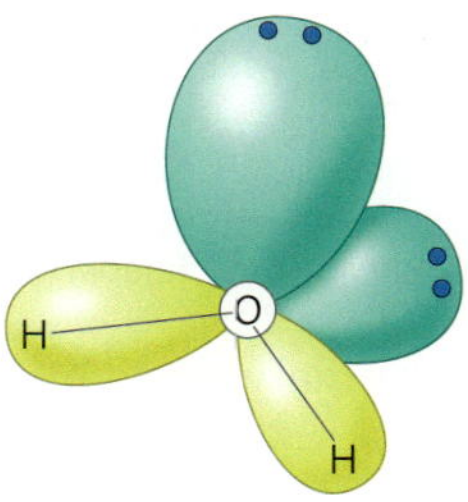

5 Luftballonmodell zum räumlichen Bau eines Wassermoleküls

Dipolmoleküle Da im Wassermolekül das Sauerstoffatom die bindenden Elektronenpaare stärker anzieht als die beiden Wasserstoffatome, liegt am Sauerstoffatom eine negative elektrische Teilladung vor und an den beiden Wasserstoffatomen jeweils eine positive elektrische Teilladung. Die gewinkelte Anordnung der Atome führt dazu, dass für die positive und die negative elektrische Teilladung getrennte Ladungsschwerpunkte existieren. Das Molekül besitzt also einen negativen und einen positiven Pol – es ist ein **Dipol** (▸ **7**). Am elektrisch negativ geladenen Stab richten sich die Wassermoleküle so aus, dass ihre Wasserstoffatome zum Stab zeigen und die Moleküle dadurch von diesem δ– angezogen werden (▸ **6**).

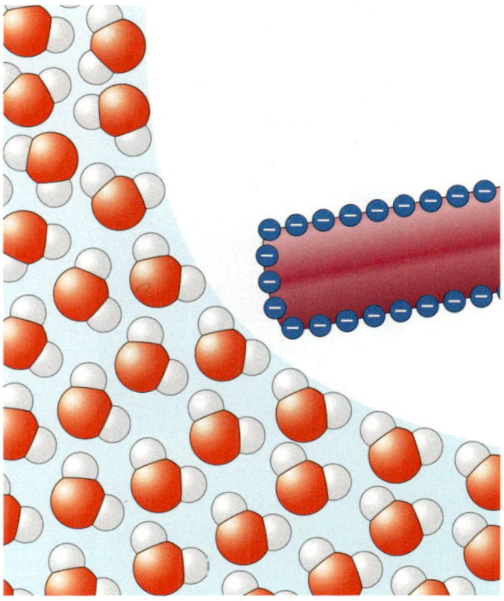
6 Modellvorstellung zur Ablenkung eines Wasserstrahls an einem elektrisch geladenen Stab

Ein Dipol ist ein Molekül mit getrennten Ladungsschwerpunkten.

Nicht jedes Molekül mit einer polaren Atombindung ist ein Dipol. Erst die räumliche Anordnung der Atome im Molekül verdeutlicht, ob die Ladungsschwerpunkte auch räumlich getrennt vorliegen. Im Kohlenstoffdioxidmolekül z. B. fallen durch die lineare Anordnung der drei Atome im Molekül die Ladungsschwerpunkte zusammen – das Molekül ist **unpolar**. (▸ **7**)

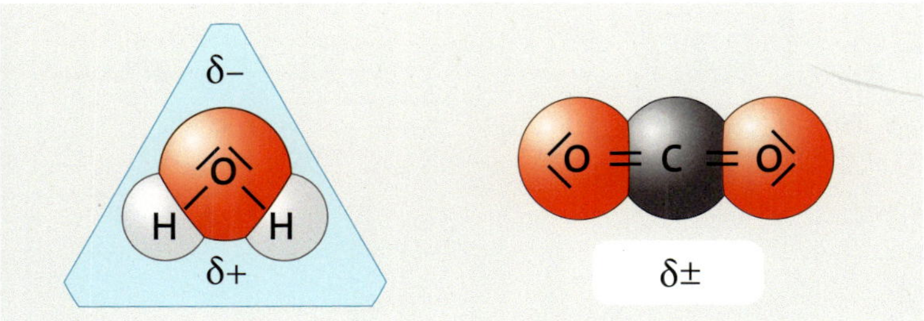

7 Ladungsschwerpunkte und Modelle verschiedener Moleküle.

Aufgaben

1 Begründe die Lewis-Formel des in Bild ▸ **7** dargestellten Kohlenstoffdioxidmoleküls.

2 Ordne die folgenden Bindungen nach steigender Polarität:
H–O, H–S, H–Se.

3 Vergleiche die chemische Bindung im Wasserstoff- und Wassermolekül.

Trinkwasser und Abwasser

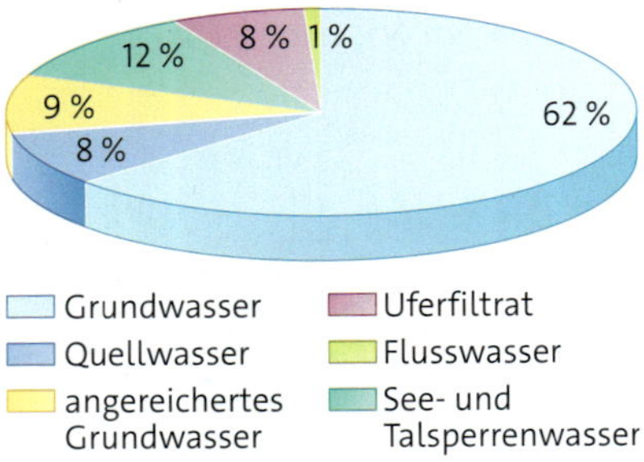

1 Herkunft des Trinkwassers in Deutschland

Trinkwassergewinnung Unser wichtigstes Lebensmittel ist Trinkwasser. Es soll klar, farblos und geruchlos sein. Zudem soll es gut schmecken und keine Krankheitserreger enthalten.

Über zwei Drittel der Erde sind von Wasser bedeckt. Davon sind allerdings nur 2,4 % Süßwasser, das hauptsächlich zur Trinkwassergewinnung verwendet wird. Süßwasser befindet sich vor allem im Eis der Polkappen und Gletscher. Den Rest bilden Grundwasser, Wasser der Bäche, Flüsse und Seen sowie das Wasser in oberen Bodenschichten und in der Atmosphäre. Von all diesen Süßwasservorräten können aber nur 10 % zur Trinkwassergewinnung verwendet werden.

Am besten erfüllen Quellwasser und Grundwasser die Anforderungen an Trinkwasser. Da sie aber nicht überall in ausreichendem Maße zur Verfügung stehen, wird auch Oberflächenwasser verwendet (▸ **1**).

2 Kennzeichen für ein Wasserschutzgebiet zur Trinkwassergewinnung

Trinkwasseraufbereitung Das Grundwasser wird in Tiefbrunnen gewonnen und in Wasserwerken zu Trinkwasser aufbereitet (▸ **3**). In Belüftungstürmen fein versprüht, wird das Wasser zuerst mit Sauerstoff angereichert. Durch die Bildung von schwerlöslichen Verbindungen werden in diesem Schritt Eisen- und Mangan-Ionen entfernt. Der Zusatz von Ozon oder die Ultraschallbestrahlung tötet Bakterien und Zooplankton und baut organische Stoffe ab. In Filterschichten aus Kies und Aktivkohle werden Trüb-, Farb- und Schadstoffe zurückgehalten.

Um das Wasser auf seinem langen Weg in die Haushalte zu schützen, wird noch eine geringe Menge Chlor hinzugefügt, das aber gesundheitlich völlig unbedenklich ist. Alternativ wird das Wasser mit UV-Licht bestrahlt.

Trinkwasser enthält viele mineralische Stoffe und gelöste Gase, z. B. Sauerstoff. Die Qualität des Trinkwassers wird daher ständig kontrolliert. In Deutschland ist Trinkwasser das am häufigsten und am strengsten kontrollierte Lebensmittel.

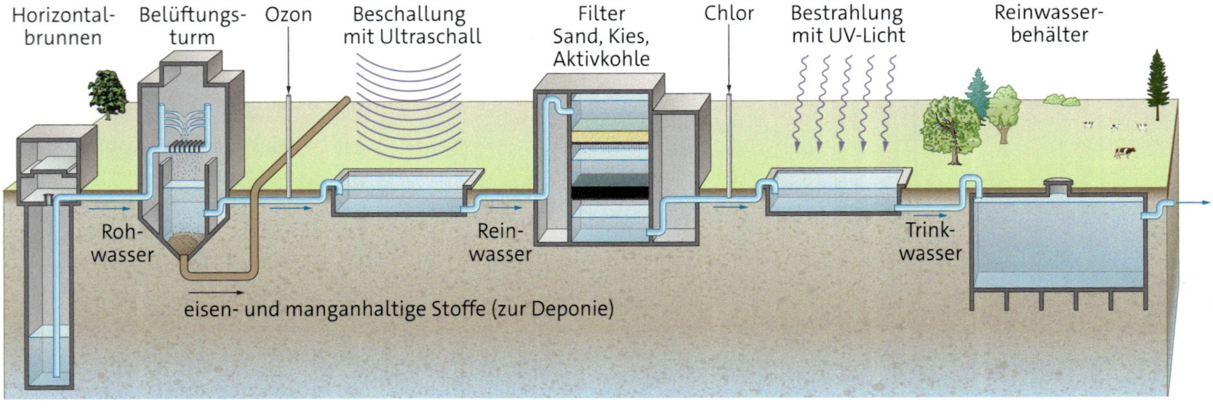

3 Gewinnung von Trinkwasser

Abwasser Das den Haushalt verlassende trübe und schmutzige Wasser wird als **Abwasser** bezeichnet. Es darf nicht sofort in natürliche Gewässer gelangen, da deren Selbstreinigungsvermögen überfordert wäre. Deshalb wird Abwasser in der Kanalisation gesammelt und in Klärwerke weitergeleitet.

Abwasseraufbereitung Die Reinigung des Abwassers erfolgt durch mechanische, biologische und teilweise chemische Reinigungsverfahren (▸5). In der **mechanischen Reinigungsstufe** werden grobe Verunreinigungen bis zu einer Größe von wenigen Millimetern entfernt. Feste, feinkörnige Stoffe, wie Gemüsereste, Kot und Textilreste, setzen sich am Boden des Vorklärbeckens als Klärschlamm ab.

In der **biologischen Reinigungsstufe** zersetzen Bakterien die organischen Verunreinigungen. Dazu benötigen die Bakterien Sauerstoff. Nach der biologischen Reinigung sind etwa 95 % der Verunreinigungen aus dem Abwasser entfernt. In neueren Kläranlagen werden durch geeignete Mikroorganismen sogar der Nitrat- und Phosphatgehalt stark herabgesetzt.

In einigen Kläranlagen werden in der anschließenden **chemischen Reinigungsstufe** gelöste, das Wasser gefährdende Stoffe abgetrennt. In den Fällungsbecken bilden sich mit einem Flockungsmittel schwerlösliche Stoffe, die durch Filtration aus dem Wasser entfernt werden.
Im Anschluss darf das gereinigte Abwasser in Oberflächengewässer eingeleitet werden. Der bei der Abwasserreinigung anfallende Klärschlamm kann zur Herstellung von Faulgas (Biogas) oder zur Düngung von Wiesen verwendet werden.

> **Trinkwasser wird in Wasserwerken aus Süßwasser gewonnen. In Kläranlagen wird Abwasser durch mechanische, biologische und chemische Verfahren gereinigt.**

4 Kläranlage

Aufgaben

1 In verschiedenen Ländern wird aus Salzwasser Trinkwasser gewonnen. Überlege, wie das mit einfachen Mitteln realisiert werden kann.

2 Abwasser muss immer einer Kläranlage zugeführt werden. Begründe die Notwendigkeit dieser Maßnahme.

3 Erkundige dich, welche Kläranlage für die Reinigung häuslicher Abwässer in deinem Heimatort zuständig ist. Nenne die dort vorhandenen Reinigungsstufen.

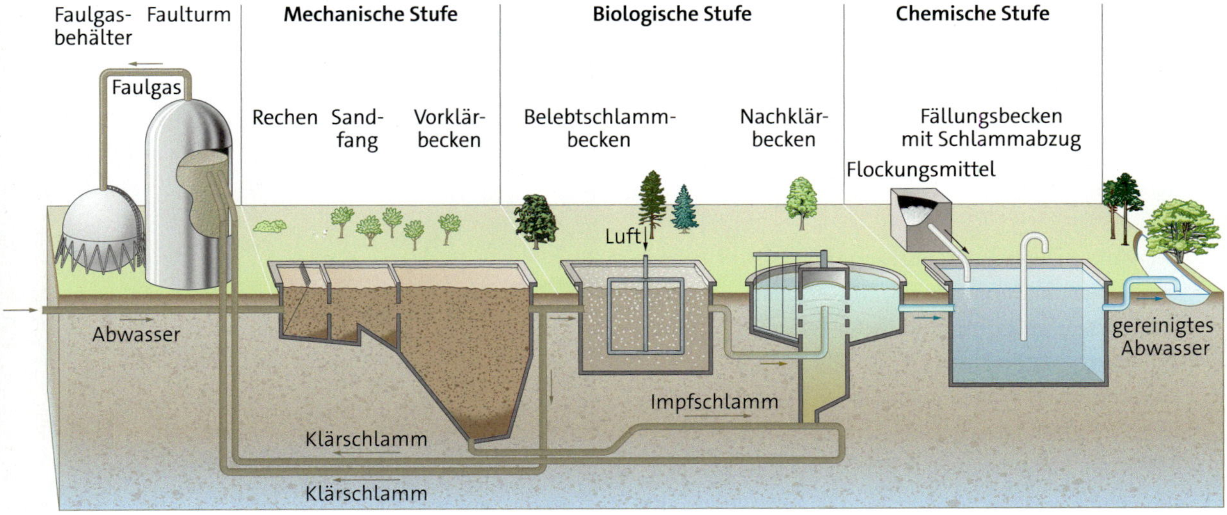

5 Klärwerk

Wasserstoff – Energiequelle der Zukunft

1 Antares DLR-H2 – das erste bemannte und selbststartende Brennstoffzellenflugzeug des Deutschen Zentrums für Luft- und Raumfahrt (DLR)

„Energieträger der Zukunft", „umweltfreundliche Energiequelle" oder „Brennstoffzellentechnik" sind Schlagwörter, die in unseren Medien in den letzten Jahren eine immer größere Rolle spielen. Stets geht es dabei um Wasserstoff. Was macht den Wasserstoff als Energieträger so interessant, wozu verwendet man ihn oder wird ihn in naher Zukunft einsetzen?

Wasserstoff als Rohstoff und Energieträger Wasserstoff ist eine wichtige Grundchemikalie der chemischen Industrie. Das heißt, er ist ein Zwischenprodukt z. B. für die Herstellung von Farbstoffen, Arzneimitteln, Düngemitteln und Sprengstoffen. Die direkte Verbrennung von Wasserstoff liefert auch die Energie zum Antrieb von Fahrzeugen. Mehrere Autohersteller bieten solche Fahrzeuge schon serienmäßig an.

Die Zukunft des Energieträgers Wasserstoff liegt in seiner Verwendung für Brennstoffzellen, in denen chemische Energie in elektrische Energie umgewandelt wird.

Wasserstoff kommt in gebundener Form in zahlreichen Verbindungen vor, aus denen er gewonnen werden kann. Seine Häufigkeit und seine geringe Dichte sind gute Voraussetzungen für die Gewinnung und den Transport des Energieträgers Wasserstoff.

Gewinnung von Wasserstoff Wasser ist die in nahezu unendlichen Mengen weltweit vorhandene Wasserstoffquelle. Die für die Zerlegung des Wassers notwendige Energie kann durch Windkraftanlagen, Wasserkraftwerke oder Fotovoltaikanlagen geliefert werden. Eine energetisch günstige Gewinnung großer Mengen an Wasserstoff ist ein vorrangiges Ziel in der Wasserstofftechnik.

2 Dieser Pkw wird von einer Brennstoffzelle angetrieben.

„Sanfte" Verbrennung des Wasserstoffs Bereits im 19. Jahrhundert gab es erste Lösungen, die bei der Verbrennung des Wasserstoffs frei werdende Energie größtenteils als elektrische Energie zu nutzen. Doch das Interesse an der Umsetzung dieses Verfahrens war besonders durch die Erfindung des Verbrennungsmotors zunächst sehr gering. Erst in den 1950er Jahren wurde diese Technologie „wiederentdeckt". Damals suchte man in den USA im Rahmen des nationalen Raumfahrtprogramms nach praktikablen Möglichkeiten der Stromversorgung. Herkömmliche Batterien waren dazu zu groß und zu schwer. Mit der Brennstoffzelle fand man eine geeignete Möglichkeit der Stromversorgung.

Bau einer Brennstoffzelle Eine Brennstoffzelle besteht aus zwei Kammern, die durch eine Membran voneinander getrennt sind. In jeder Kammer befindet sich ein elektrisch leitender Stab, die Elektrode. Beide Elektroden sind über Kabel mit einem Stromverbraucher verbunden. Zu einer der beiden Elektroden wird das Brenngas Wasserstoff geleitet, zur anderen Elektrode der Sauerstoff, meist ist es jedoch Luft. So können die chemischen Reaktionen ablaufen, ohne dass Wasserstoff und Sauerstoff direkt miteinander Kontakt haben. Es laufen die gleichen chemischen Reaktionen wie bei der Knallgasreaktion ab. Durch die räumliche Trennung der Gase verläuft die Reaktion jedoch nicht explosionsartig, sondern kontrolliert. Diese chemische Reaktion bewirkt einen Elektronenfluss durch das Kabel, über das die beiden Elektroden miteinander verbunden sind. Dieser Elektronenfluss stellt die Stromquelle einer Brennstoffzelle dar.

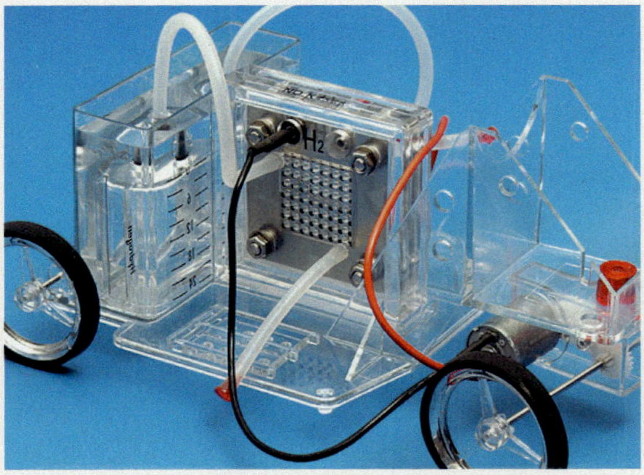

3 Gläserne Brennstoffzelle mit dem Wasser- und Sauerstofftank im Hintergrund

Chemische Reaktionen in der Brennstoffzelle Mithilfe eines Katalysators werden an der einen Elektrode die Wasserstoffmoleküle in Wasserstoffatome gespalten. Diese geben nun je ein Elektron ab und werden damit zu Wasserstoff-Ionen. Die Elektronen wandern über das elektrische Kabel zur anderen Elektrode. Auch die Wasserstoff-Ionen werden dahin transportiert, in dem sie die Membran durchdringen. Erst hier reagieren sie unter Einbeziehung der ankommenden Elektronen mit den Sauerstoffmolekülen zu Wassermolekülen. Das Reaktionsprodukt Wasser wird zusammen mit der Restluft aus der Zelle abgeleitet.

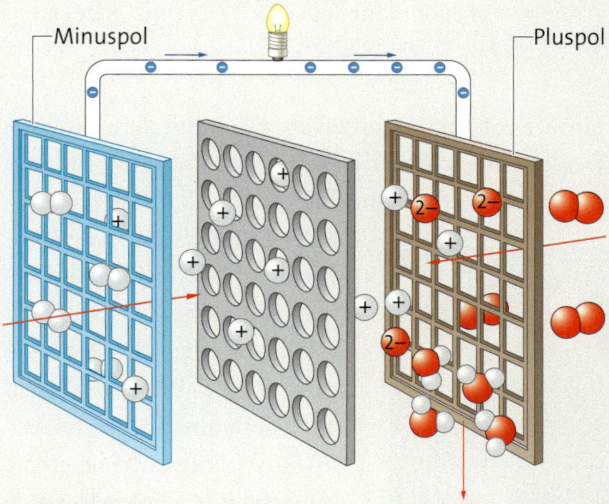

4 Schematische Darstellung einer Brennstoffzelle

Aufgaben

1 Formuliere die Reaktionsgleichung für den Zerfall von Wasser.

2 Informiere dich im Internet, in welchen Bestandteilen des Erdöls ein besonders hoher Anteil von Wasserstoff chemisch gebunden ist.

3 Die Gewinnung von Wasserstoff aus Wasser ist ein sehr energieaufwendiger Prozess. Schlussfolgere aus den geografischen Gegebenheiten, welche Länder der Erde besonders gute Bedingungen für die Energiegewinnung aus Wasserkraft haben. Überprüfe deine Vermutungen mithilfe einer Internetrecherche.

4 Erläutere den Bau und die Funktion einer Brennstoffzelle.

1 Apollo II über der Mondoberfläche. Brennstoffzellen sichern die Stromversorgung.

Einsatz von Brennstoffzellen Die besondere Umweltfreundlichkeit und der hohe Wirkungsgrad machen die Brennstoffzellentechnik z. B. für Fahrzeughersteller interessant. Pkw-Prototypen mit Brennstoffzellenantrieb gibt es bereits zahlreich. Brennstoffzellen für den Antrieb von U-Booten werden schon serienmäßig produziert. Ein Forschungsziel ist auch die Entwicklung von Miniatur-Brennstoffzellen, um diese z. B. für Notebooks einzusetzen. Dabei besteht das Bestreben, den gasförmigen Wasserstoff zunehmend durch flüssige oder feste Brennstoffe zu ersetzen.

2 Dieses Auto wird mit einer Brennstoffzelle betrieben.

Exp. 1 **Demonstrieren der Funktionsweise einer Brennstoffzelle**

Lege dir die Bauteile für den Betrieb der Brennstoffzelle zurecht. Du brauchst eine Vorrichtung zur elektrolytischen Zerlegung des Wassers (Elektrolyseur), einen Vorratsbehälter für die entstandenen Gase, einen Verbraucher (z. B. eine Glühlampe oder einen Niederspannungsmotor), mehrere Kabel und Schläuche sowie die eigentliche Brennstoffzelle. Verbinde zunächst den Elektrolyseur mittels zweier Schläuche mit dem Vorratsbehälter für die Gase. Fülle den Vorratsbehälter mit Wasser, das durch die Gase dann pneumatisch verdrängt wird. Schließe den Elektrolyseur an die Spannungsquelle an und warte, bis der Vorratsbehälter mit den Gasen gefüllt ist. Verbinde in dieser Zeit die Brennstoffzelle über zwei Kabel mit dem Stromverbraucher. Schalte jetzt die Stromzufuhr ab und verbinde den Vorratsbehälter über zwei Schläuche mit der Brennstoffzelle. Erläutere die Vorgänge, die a) im Elektrolyseur, b) im Vorratsbehälter und c) in der Brennstoffzelle ablaufen.
Entsorgung: Flüssigkeiten in das Abwasser geben.

Brennstoffzellen im öffentlichen Nahverkehr Mehrere Fahrzeugbauer haben in den letzten Jahren Busse mit Brennstoffzellenantrieb auf den Markt gebracht (▸3). Die in den sächsischen Großstädten Dresden, Leipzig und Chemnitz fahrenden Hybridbusse nutzen allerdings neben dem Elektromotor auch einen Verbrennungsmotor als Antrieb.

3 Wasserstoffbetriebener Brennstoffzellen-Hybridbus der RVK im Rhein-Erft-Kreis © Regionalverkehr Köln GmbH

Speicherung und Transport von Wasserstoff Die Speicherung eines Gases erfordert durchdachte technische Lösungen. Für den Transport von Wasserstoff gelten besonders strenge Vorschriften. Große Mengen an Wasserstoff können z.B. in batteriebetriebenen Spezialfahrzeugen transportiert werden. Zur Speicherung lässt sich Wasserstoff unter höherem Druck in Druckflaschen abfüllen. Für den Einsatz in Fahrzeugen wird Wasserstoff durch Abkühlung auf −253 °C verflüssigt und in sogenannten Kryotanks gespeichert. Heute forscht man intensiv nach weiteren Speichermöglichkeiten für Wasserstoff. So untersuchen koreanische Forscher die Möglichkeit, Wasserstoff in Kunststoffen oder Kohlefasern zu speichern.

5 Die explodierende Raumfähre „Challenger"

Umgang mit Wasserstoff Die Gefährlichkeit der Knallgasreaktion erfordert die Einhaltung bestimmter Regeln beim Umgang mit diesem Gas. „Behälter bei unter 50 °C an einem gut belüfteten Ort aufbewahren, gegen Umfallen sichern. Nicht mit brennbaren, leichtentzündlichen und brandfördernden Stoffen zusammenlagern" steht in dem für jeden Gefahrstoff notwendigen Sicherheitsdatenblatt. Durch diesen Hinweis wird verständlich, dass ein Gemisch

4 Wasserstofftank in einem Pkw; das Betanken mit flüssigem Wasserstoff übernehmen automatische Tankroboter.

aus Wasserstoff und Sauerstoff sehr gefährlich ist. Die durch einen Funken auszulösende explosionsartige Reaktion ist dir als Knallgasreaktion bereits bekannt.

Ein Unglück durch Wasserstoff Am 28. Januar 1986 erschütterte die Menschen in aller Welt das bisher schwerste Unglück der bemannten Raumfahrt: Kurz nach dem Start explodierte die US-Raumfähre „Challenger" vor den Augen von Millionen Fernsehzuschauern unmittelbar vor der Küste Floridas. Die Explosion kam aus einem Leck des riesigen Treibstofftanks, in dem sich 1,5 Mio. Liter flüssiger Wasserstoff und über 500 000 Liter flüssiger Sauerstoff befanden. Die sieben Besatzungsmitglieder kamen dabei ums Leben. Diese Katastrophe zeigt, wie wichtig ein sachgerechter Umgang mit Wasserstoff ist.

Aufgaben

1 Informiere dich über weitere Brennstoffe, die in der Brennstoffzellentechnik eingesetzt werden. Nutze dazu auch das Internet.

2 Suche im Internet nach Beispielen für die erfolgreiche Nutzung der Brennstoffzellentechnologie in Sachsen.

3 Begründe die Aussage, Wasserstoff sei ein besonders umweltfreundlicher Energieträger.

4 Für alle gefährlichen Stoffe muss ein Sicherheitsdatenblatt erstellt werden. Informiere dich, welche Angaben ein solches Blatt immer enthalten muss.

5 Suche im Internet nach dem Sicherheitsdatenblatt für Wasserstoff. Nenne weitere Angaben zum Umgang mit Wasserstoff, die du dem Sicherheitsdatenblatt für dieses Gas entnehmen kannst.

Wasser – eine chemische Verbindung

Reines Wasser

Reines Wasser ist farblos, geruchlos und geschmacksfrei. Es siedet bei Normaldruck bei 100 °C und erstarrt bei 0 °C. Wasser ist ein gutes Lösemittel für viele feste Stoffe, Flüssigkeiten und Gase. Weißes Kupfersulfat und weißes Watesmo-Papier färben sich in Verbindung mit Wasser blau. Wasser ist eine chemische Verbindung.

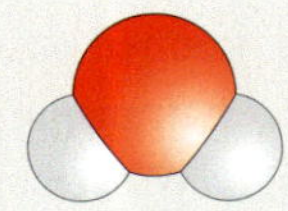

H_2O

Molekülmodell und Formel von Wasser

Bildung und Zerlegung von Wasser

Wasser lässt sich in die Elemente Wasserstoff und Sauerstoff zerlegen und auch wieder daraus bilden.

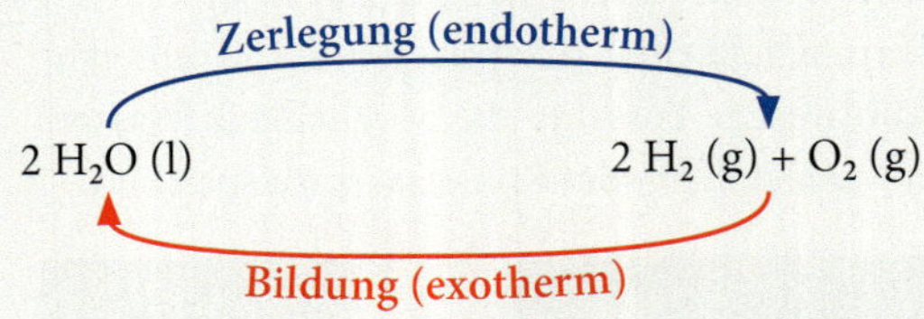

Wasserstoff

Wasserstoff ist ein Nichtmetall. Er ist farblos, geruchlos, brennbar und hat die geringste Dichte aller Stoffe. Mit Luft und Sauerstoff bildet er ein Gasgemisch, das explosionsartig mit lautem Knall verbrennt. Der Nachweis solcher Gasgemische wird als Knallgasprobe bezeichnet.

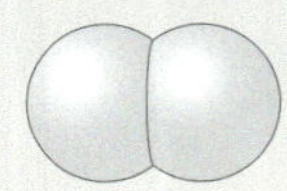

H_2

Molekülmodell und Formel von Wasserstoff

Atombindung

Art der chemischen Bindung, die durch gemeinsame Elektronenpaare zwischen Atomen bewirkt wird. Damit erreichen die Bindungspartner in ihren Außenschalen die stabile Elektronenverteilung der Edelgase.

Polare Atombindung

Atombindung, bei der das gemeinsame Elektronenpaar von den miteinander verbundenen Atomen unterschiedlich stark angezogen wird, was zu einer positiven bzw. negativen elektrischen Teilladung an den Atomen führt

Dipol

Ein Molekül mit getrennten Ladungsschwerpunkten. Voraussetzung ist das Vorliegen einer polaren Atombindung.

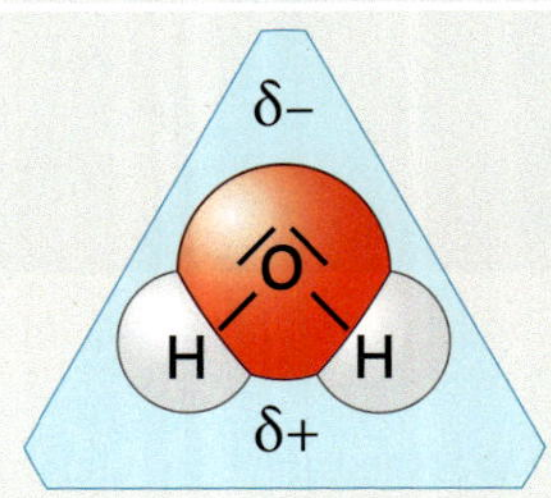

Ladungsschwerpunkte im Wassermolekül

Ionen

Positiv oder negativ elektrisch geladene Teilchen in der Größenordnung von Atomen. Chemische Zeichen für Ionen enthalten die Art und die Anzahl elektrischer Ladungen oben rechts am Symbol, z. B. Na^+, O^{2-}.

Abwasserreinigung

In Klärwerken erfolgt die mechanische, biologische und chemische Abwasserreinigung.

Aufgaben

1 Überprüfe die folgenden Aussagen auf ihre Richtigkeit. Stelle falsche Aussagen richtig.
- **a** Leitungswasser ist ein reiner Stoff.
- **b** Wasser besteht aus dreiatomigen Molekülen.
- **c** Bei der Zerlegung von Wasser mithilfe des elektrischen Stroms entstehen zwei neue chemische Verbindungen.
- **d** Bei der Zersetzung von Wasser erhöht sich die Teilchenanzahl.
- **e** Die Atombindung zwischen Wasserstoff und Fluor ist polarer als die zwischen Wasserstoff und Sauerstoff.
- **f** Sauerstoffatome sind in Molekülen immer der elektronenanziehende Partner.
- **g** Barium-Ionen sind zweifach negativ geladen.
- **h** Bei der biologischen Abwasseraufbereitung muss das Wasser gut „belüftet“ werden.

2 Nenne mindestens drei Eigenschaften von Leitungswasser und leite daraus Aussagen zu seiner Bedeutung oder Verwendung ab.

3 Die Verbrennung von Wasserstoff kann für den Antrieb von Raketen genutzt werden.
- **a** Benenne das Reaktionsprodukt und stelle für die Reaktion die Reaktionsgleichung auf.
- **b** Erläutere die Bedeutung von Wasserstoff als Energieträger der Zukunft.

4 Die Knallgasprobe gibt einen Hinweis auf das Vorhandensein von Wasserstoff.
- **a** Nenne vier Eigenschaften von Wasserstoff.
- **b** Erläutere die Durchführung der Knallgasprobe.
- **c** Nenne eine weitere Beobachtung, die zum Nachweis von Wasserstoff nützlich ist.

5 In einem Eudiometer werden bei Zimmertemperatur Gasgemische gezündet. Formuliere die zu erwartenden Beobachtungen exakt. Beschreibe Möglichkeiten, etwaige Gasreste im Eudiometer nachzuweisen.
- **a** 8 ml Wasserstoff und 8 ml Sauerstoff
- **b** 4 ml Wasserstoff und 8 ml Sauerstoff
- **c** 2 ml Wasserstoff und 5 ml Luft
- **d** 10 ml Wasserstoff und 7 ml Sauerstoff

6 Begründe anhand der angegebenen Lewis-Formel des Ammoniaks die Stabilität dieses Moleküls und beschreibe seinen räumlichen Bau. Entscheide, ob es sich um ein Dipolmolekül handelt.

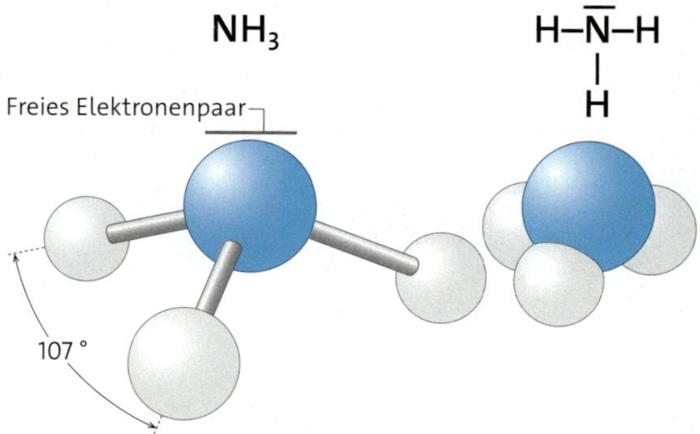

Pyramidenförmiges Molekül

7 Mineralien in einer bestimmten Dosis sind für die Ernährung des Menschen von großer Bedeutung. So verkaufen viele Getränkehersteller z. B. „natriumarmes Mineralwasser“ oder manche Brausetabletten werden als „Magnesiumtabletten“ bezeichnet. In keinem der Produkte findet man aber Spuren der silbrig glänzenden Metalle Natrium bzw. Magnesium. Finde für diesen Widerspruch eine Erklärung.

8 Gib die Formeln und Namen der Ionen der Hauptgruppenelemente in der 4. Periode an.

9 Nenne die drei Stufen der Abwasserreinigung und beschreibe die Vorgänge der letzten Stufe.

Hilfe zu den Aufgaben findest du auf den Seiten ...

1a	48	3	51
1b–d	49	4	49, 50
1e	56	5	49, 51
1f	56	6	56, 57
1g	53	7	52, 53
1h	58	8	52, 53
2	48	9	59

Material A: Modellkläranlage

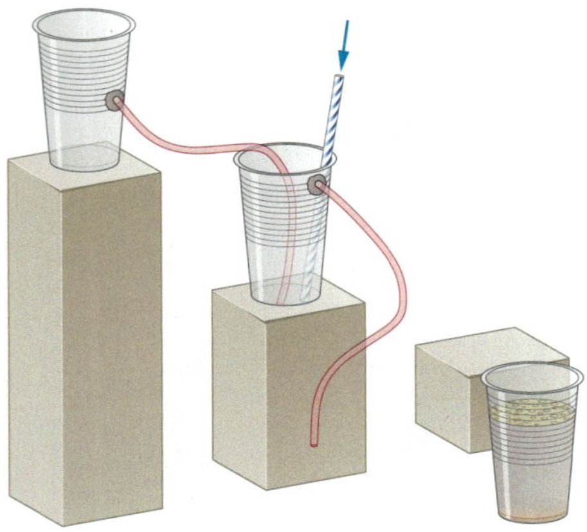

- 2 Becher
- 2 Schläuche
- Knete
- trockene Hefe
- Sieb
- Flockungsmittel
- Pipette

A1 Unvollständiger Versuchsaufbau

1 Übernimm ▸ **A1** in deinen Hefter und vervollständige den Versuchsaufbau für die Modellkläranlage.

2 Beschrifte den Versuchsaufbau und kennzeichne die verschiedenen Reinigungsstufen. Beschreibe die dort ablaufenden Vorgänge.

Material B: Wasser als Lebensgrundlage

Etwa 120 l Wasser verbraucht der Mensch pro Tag: zur Körperpflege ca. 46 l, WC-Spülung ca. 35 l, Reinigung von Auto und Räumen ca. 8 l, zum Kochen und Spülen ca. 13 l, Wäschewaschen ca. 15 l.
Im Körper werden weitere 3 l umgesetzt:
1,5 l werden getrunken, 1,2 l werden mit der Nahrung aufgenommen und 0,3 l entstehen als Abfallprodukt chemischer Reaktionen im Körper.

B1 Durchschnittlicher Wasserverbrauch pro Einwohner in Deutschland

Das Vorbild für die dreidimensionalen Nebelfänger zur Wassergewinnung ist die besonders hügelige Mikrostruktur des Rückenpanzers des in der Namibwüste lebenden Nebeltrinkerkäfers. Stellt sich der Käfer in den morgendlichen Nebel, bleiben die kleinen Wassertröpfchen an seinem Rücken besonders gut haften, werden immer größer und fließen irgendwann direkt in seinen Mund.

B2 Wassergewinnung aus der Natur abgeschaut

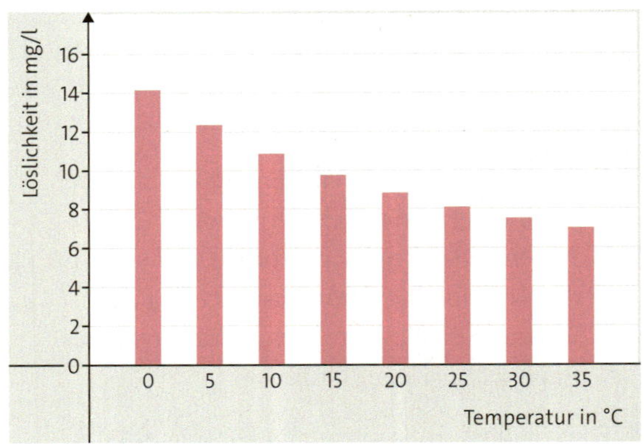

B3 Löslichkeit von Luftsauerstoff in Wasser bei 1013 hPa

1 Stelle den Wasserverbrauch des Menschen grafisch dar (▸ **B1**).

2 Erläutere mithilfe des Diagramms, warum ein Aquariumsbesitzer auf die Temperatur des Wassers achten muss (▸ **B3**).

3 Formuliere begründete Vermutungen darüber, welche Auswirkungen der Anstieg der Wassertemperatur auf relativ flache stehende Gewässer im Sommer haben könnte (▸ **B3**).

4 Entwickle eine Hypothese, wie ein dreidimensionaler Nebelfänger aufgebaut sein könnte. Berücksichtige dabei, dass der Nebelfänger bei starkem Wind nicht reißen oder umfallen sollte (▸ **B2**).

Material C: Wasserstoffperoxid im Aquarium

Wasserstoffperoxid H_2O_2 ist ein zweites Oxid des Wasserstoffs. Dieser Stoff ist flüssig, farb- und geruchlos und in reiner Form stark ätzend. In wässriger Lösung wird Wasserstoffperoxid z. B. als Bleich- und Desinfektionsmittel und zur Herstellung von Sprengstoffen genutzt.
Aquarianern dient die 6%ige wässrige Lösung dieses Stoffes als Sauerstofflieferant im Wasser, da Wasserstoffperoxid bei Anwesenheit eines Katalysators in Wasser und Sauerstoff zerfällt.

Ein „Oxidator" für Aquarien

C1 Lexikoneintrag

Nach Herstellerangaben ist ein Oxidator 2–8 Wochen lang funktionsfähig. In einem normalen Becherglas würde die Zersetzung der gleichen Menge Wasserstoffperoxidlösung schon nach wenigen Minuten beendet sein.

C2 „Lebensdauer" eines „Oxidators"

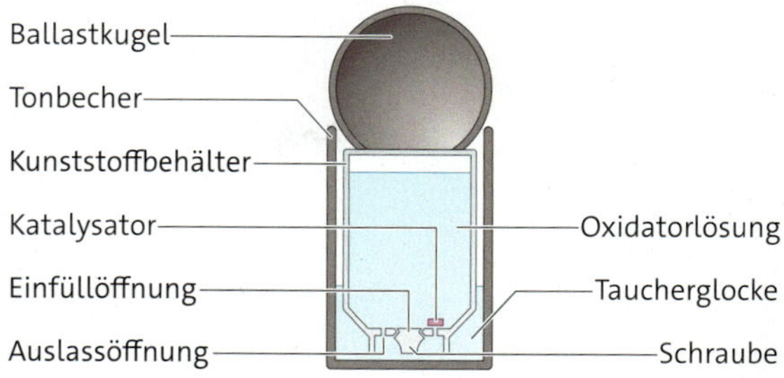

C3 Aufbau eines „Oxidators"

1 Gib die Formel von Wasserstoffperoxid in der Lewis-Schreibweise an (▸ **C1**).

2 Formuliere die chemische Gleichung für die Zersetzung von Wasserstoffperoxid (▸ **C1**).

3 Beschreibe den Aufbau des „Oxidators" für Aquarien (▸ **C3**).

4 Nenne mögliche Beobachtungen, an denen man erkennen kann, dass der „Oxidator" funktioniert.

5 Beschreibe die Bedeutung der Ballastkugel (▸ **C3**).

6 Begründe die lange „Lebensdauer" des „Oxidators" (▸ **C2**).

Material D: Wasseranalyse nach Lavoisier

1785 entdeckte Lavoisier mithilfe eines Versuchs, dass Wasser eine Verbindung ist. Dabei erhitzte er in einem Ofen einen eisernen Flintenlauf, der mit eisernen Nägeln gefüllt war. Anschließend leitete er Wasserdampf hindurch.

D1 Apparatur zur Wasserzerlegung von Lavoisier

1 Zur Auswertung des Versuchs wog Lavoisier die Eisennägel vor und nach dem Versuch. Beschreibe das zu erwartende Ergebnis beider Messungen und finde eine Erklärung dafür.

2 Das austretende Gas fing Lavoisier auf und untersuchte es. Entwickle einen Vorschlag zum experimentellen Vorgehen. Begründe das zu erwartende Ergebnis.

3 Entwickle den Aufbau eines Schülerexperiments, mit dem der Versuch von Lavoisier möglichst einfach durchgeführt werden kann. Plane dabei auch den Nachweis des entstehenden Gases mit ein (▸ **D1**).

Besucher

Kochsalz und andere Salze

Glasklare, lichtbrechende Kristalle von Steinsalz glitzern im Salzbergwerk unter Tage an den Wänden von Stollen und Kammern. Hauptbestandteil dieses „weißen Goldes“ ist das Salz Natriumchlorid, das auch als Kochsalz verwendet wird.

Kochsalz – das „Salz“ – ist jedoch nur eines von vielen Salzen, die in der Natur vorkommen und die wir im Alltag vielfältig nutzen. So bekämpfen wir Eisglätte mit Streusalz, verwenden zum Waschen Fleckensalz oder setzen Salzlecksteine in der Tierhaltung ein.

Eigenschaften von Salzen und Salzlösungen

Exp. 1 Beschaffenheit von Salzen

Betrachte Proben verschiedener Küchensalze sowie von Kaliumchlorid und Magnesiumchlorid. Nutze dazu auch eine Lupe oder ein Mikroskop. Notiere alle feststellbaren Eigenschaften. Zeichne die Kristallformen.

Entsorgung: Stoffproben getrennt einsammeln.

Exp. 2 Härte und Verformbarkeit von Natriumchlorid

Untersuche, ob sich Natriumchloridkristalle durch die Krafteinwirkung eines Schlages verformen lassen. Prüfe zum Vergleich ein Stück Kupfer oder Zinn. Beschreibe deine Beobachtungen.

Entsorgung: Metalle einsammeln. Salzkristalle in den Hausmüll geben.

Exp. 3 Kochsalz aus Sole

Vorsicht: Spritzgefahr! Stelle eine gesättigte Kochsalzlösung her und dampfe eine geringe Menge davon in einer (schwarzen) Porzellanschale ein. Betrachte den Rückstand mit einer Lupe.

Entsorgung: Rückstand lösen, Lösungen in das Abwasser geben.

Exp. 4 Siedesalz aus Steinsalz

Aus Brocken von Steinsalz oder Viehsalz, einem Gemisch aus Kochsalz, Sand und Verunreinigungen, soll Kochsalz herausgelöst werden. Plane ein Experiment, um das Stoffgemisch zu trennen und anschließend festes Kochsalz zu gewinnen.

Entsorgung: Feste Rückstände in den Hausmüll, Lösungen in das Abwasser geben.

Exp. 5 Elektrische Leitfähigkeit von Natriumchlorid

Gib in ein Becherglas etwa 10 g trockenes, festes Natriumchlorid, in ein anderes Becherglas einen großen, trockenen Natriumchloridkristall und in ein drittes Becherglas 100 ml destilliertes Wasser. Prüfe zunächst die elektrische Leitfähigkeit des festen Natriumchlorids und des destillierten Wassers. Verrühre die 10 g Natriumchlorid mit dem destillierten Wasser, bis eine klare Lösung entstanden ist. Prüfe die Lösung auf elektrische Leitfähigkeit. Vergleiche die Ergebnisse miteinander.

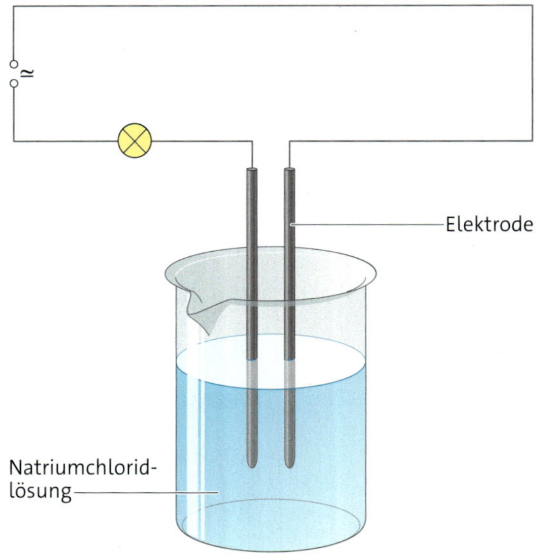

Entsorgung: Natriumchloridkristall einsammeln, Lösungen in das Abwasser geben.

Exp. 6

Elektrische Leitfähigkeit von verschiedenen Salzlösungen

Ermittle mithilfe eines Leitfähigkeitsprüfers, ob Kaliumchloridlösung, Magnesiumchloridlösung, Kupfer(II)-chloridlösung (GHS07) und Zuckerlösung den elektrischen Strom leiten.
Fertige ein Protokoll an.
Entsorgung: Kupfer(II)-chloridlösung in den Behälter für giftige anorganische Abfälle geben, andere Lösungen in das Abwasser geben.

Exp. 7

Löslichkeit verschiedener Salze in Wasser

Gib in drei Reagenzgläser mit je 5 ml destilliertem Wasser jeweils eine Spatelspitze Natriumchlorid, Magnesiumchlorid und Calciumcarbonat. Verschließe die Reagenzgläser mit einem Stopfen und schüttle sie kräftig. Wiederhole die Zugabe der Salze so lange, bis ein Bodensatz zurückbleibt. Notiere die Anzahl der zugegebenen Stoffportionen.
Notiere deine Beobachtungen und vergleiche sie miteinander.
Erwärme die Lösungen mit dem Bodensatz in einem Wasserbad. Formuliere eine Aussage über den Einfluss der Temperatur auf die Löslichkeit dieser Stoffe.
Entsorgung: Lösungen in das Abwasser geben.

Exp. 8

Eindampfen von Salzlösungen

Vorsicht: Spritzgefahr! Erhitze je 2 ml einer gesättigten Natriumchloridlösung und Kaliumchloridlösung in jeweils einer Porzellanschale.
Betrachte den Rückstand mit einer Lupe.
Beschreibe deine Beobachtungen.
Entsorgung: Rückstände in Wasser lösen, Lösungen in das Abwasser geben.

Exp. 9

Schmelztemperatur von Zinkchlorid

Vorsicht! Nur unter Aufsicht durchführen! Spritzgefahr!
Erhitze Zinkchlorid (GHS05|07|09) in einem Porzellantiegel, bis es vollständig geschmolzen ist. Tauche in die Schmelze ein Digitalthermometer. Notiere die Temperatur nach Löschen des Brenners alle 30 s.
Zeichne ein Temperatur-Zeit-Diagramm und ermittle daraus die Erstarrungstemperatur des Salzes. Sie ist mit der Schmelztemperatur identisch. Schlage die Schmelztemperaturen anderer Salze im Tabellenwerk nach und vergleiche sie.
Entsorgung: Feste, erkaltete Salze in Wasser lösen, Lösungen in das Abwasser geben.

Exp. 10

Elektrische Leitfähigkeit einer Salzschmelze

Nur unter Aufsicht arbeiten! Vorsicht! Spritzgefahr!
Erhitze Zinkchlorid (GHS05|07|09) in einem Porzellantiegel bis zum Schmelzen. Tauche in die Schmelze einen Leitfähigkeitsprüfer.
Prüfe die erstarrte Schmelze erneut auf elektrische Leitfähigkeit.
Erkläre deine Beobachtungen.

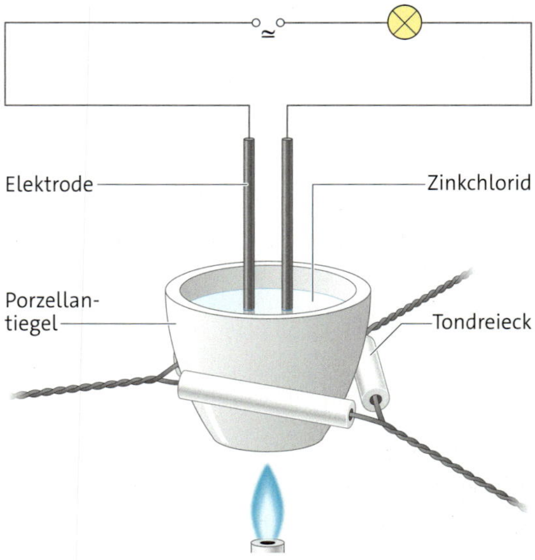

Entsorgung: Feste Salze in Wasser lösen, Lösungen in das Abwasser geben.

Kochsalz

In der Geschichte der Menschheit war Salz zu allen Zeiten ein außerordentlich wertvoller Stoff. Um Salzquellen wurden Kriege geführt und Salz wurde mit Gold aufgewogen. Salz war ein wichtiges Handelsgut und zählt heute zu den bedeutenden mineralischen Rohstoffen.

1 Bergmännischer Salzabbau im Mittelalter

2 Bergmännischer Salzabbau heute

Vorkommen In den Weltmeeren sind 50 Billiarden Tonnen Salz ein nahezu unerschöpflicher Vorrat. Über Jahrmillionen haben Flüsse und Bäche ihre Salzfracht, die sich durch Auswaschen des Bodens und des Gesteins anreicherte, in den Meeren abgelagert.
Unterirdische **Salzlagerstätten** entstanden aus Ablagerungen in einem Meer, das vor 200 bis 300 Millionen Jahren auch ganz Europa bedeckte. Durch Aufwölbungen des Meeresbodens entstanden flache Meeresbecken, in denen sich nach Verdunsten des Wassers Salz ablagerte (▸**3**). Die später gänzlich abgetrennten Meeresbecken trockneten aus. Sand und Erdschichten bedeckten die Salzablagerungen. Salzschichten lagern in Europa in einer Tiefe zwischen 300 und 1 500 m unter der Erde.
Über die größten Salzreserven verfügen die USA, aber auch Kanada und Mexiko besitzen riesige Salzvorkommen. Von England bis Sachsen reichen die sogenannten Zechsteinlager aus der Formation des Perm, die in Europa die größte Bedeutung haben. Etwas jünger sind die Salzlager Frankreichs, der Schweiz, Baden-Württembergs und der deutsch-österreichischen Alpen aus der Formation der Trias.

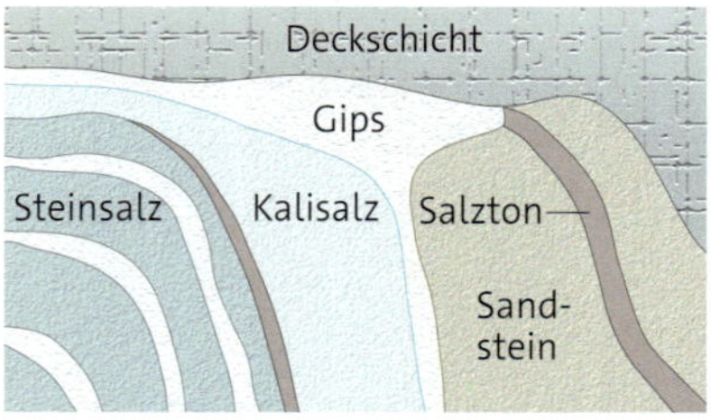

3 Aufbau einer Salzlagerstätte (schematische Darstellung)

Gewinnung Mehr als 200 Milliarden Tonnen des „weißen Goldes" gehören zu Deutschlands ansonsten geringen Bodenschätzen. **Steinsalz**, relativ reines Natriumchlorid, wird bergmännisch ähnlich wie Steinkohle abgebaut (▸**2**). Wo das Steinsalz weniger rein ist, wird es unterirdisch gelöst. Unter die Erde gepumptes Süßwasser löst das Salz aus dem Gestein. Salzhaltiges Wasser, die **Sole**, steigt nach oben und wird direkt in die **Saline** geleitet. Dort scheidet sich in riesigen Verdampfern aus der Sole reines **Siedesalz** ab. An Salzförderstätten befanden sich früher meist **Gradierwerke** zur Reinigung der Sole (▸**4**). Diese rieselte über Dornenreisig, ihr Salzgehalt nahm dabei zu (▸ Exp. 4, S. 70).

4 Gradierwerk in einem Soleheilbad

5 Salzgärten am Mittelmeer

Die Sonne ermöglicht die Salzgewinnung aus dem Meerwasser, beispielsweise im Süden Italiens, auf Mallorca, den Kanarischen Inseln oder in der Bretagne. In flach angelegten Meeresbecken verdunstet das Meerwasser durch die Sonneneinstrahlung. Das **Meersalz** wird dann in den „Salzgärten geerntet" (▸5).

Verwendung Der Mensch benötigt täglich 2 bis 3 g des lebenswichtigen Kochsalzes. Besonders für die Funktion der Nerven ist es unabdingbar. Eine zu hohe Salzkonzentration im Körper bewirkt dagegen Wasserentzug aus den Zellen. Anstieg der Blutmenge, Gefäßerweiterung und Bluthochdruck können die Folgen sein.
Als Speisesalz gehört Kochsalz zu den am häufigsten verwendeten Würzmitteln. Auch zum Konservieren von Lebensmitteln wird es seit alters eingesetzt, z. B. für Schinken, Fisch und Sauerkraut.
Von den in Deutschland jährlich produzierten 14 Millionen Tonnen Salz werden nur etwa 3 % als Speisesalz verwendet (▸6). Ein kleiner Teil wird für die Futtermittelherstellung als Viehsalz genutzt. Etwa 12 % werden zum Eisfreihalten von Straßen eingesetzt. Der weitaus größte Teil wird in der Industrie benötigt. Aus jährlich ungefähr 9 Millionen Tonnen des relativ preiswerten Rohstoffs werden Produkte wie Chlor, Natronlauge, Salzsäure und Soda hergestellt. Ohne diese Grundchemikalien gäbe es den Kunststoff PVC, das Glas, die Waschmittel und viele Medikamente nicht.

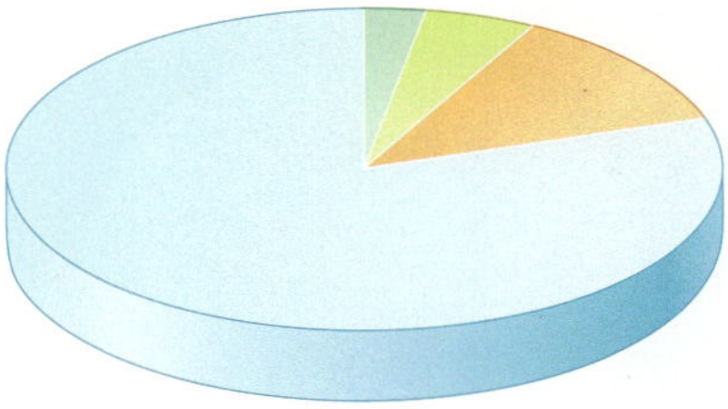

Speisesalz 3 %
Gewerbesalz 5 %
Auftausalz 12 %
Industriesalz 80 %

6 Verwendung verschiedener Salzarten in Deutschland (2013)

Aufgaben

1 Beschreibe die Gewinnung von Kochsalz aus Sole als Stofftrennung.

2 Stelle einen Steckbrief für Kochsalz auf. Beschreibe die Beschaffenheit des Stoffes. Entnimm einem Tabellenwerk Angaben zu diesem Stoff.

3 Schätze ab, wie viel Kochsalz du täglich zu dir nimmst. Wiege zum Vergleich 3 g Kochsalz ab.

4 Im Mittelalter blühten viele Städte durch Salzgewinnung oder Salzhandel auf. In ihren Namen deuten Silben wie -salz, -sulz, -sol oder auch -hal auf diese Quelle des Wohlstands hin. Suche im Atlas solche Orte im deutschsprachigen Raum.

5 Salz – wertvoll wie Gold. Ermittle Geschichtliches zum Salzhandel.

Bau salzartiger Stoffe

Die kleinen weißen Salzkristalle, mit denen wir unsere Lebensmittel würzen, sind als die chemische Verbindung Natriumchlorid bekannt.

Neben dem Natriumchlorid gibt es eine Vielzahl sehr ähnlicher salzartiger Stoffe, die ebenfalls lebensnotwendige Bestandteile der Nahrung sind.

1 Vorsicht beim „Salzen" – zu viel ist gesundheitsschädlich.

Kristalline Beschaffenheit In Stoffproben von Natriumchlorid sind regelmäßige, würfelförmige Kristalle zu erkennen. Die harten, spröden Kristalle sind farblos, in großer Anhäufung wirken sie weiß (▸ Exp. 1–3, S. 70). Natriumchlorid löst sich gut in Wasser (▸ Exp. 7, S. 71).

2 Durch Verdampfen des Wassers erhaltene Natriumchloridkristalle aus einer Lösung

Ionen im Natriumchlorid Die Gestalt der Kristalle ist auf die regelmäßige räumliche Anordnung der Teilchen im Natriumchlorid zurückzuführen. Natriumchlorid ist aus ungleichnamig elektrisch geladenen Ionen aufgebaut. Einfach positiv elektrisch geladene Natrium-Ionen und einfach negativ elektrisch geladene Chlorid-Ionen sind die Teilchen des Natriumchlorids.

Wie experimentell ermittelt, leitet Natriumchloridlösung den elektrischen Strom, Natriumchloridkristalle und destilliertes Wasser dagegen nicht (▸ Exp. 5, S. 70).

Auch das feste Natriumchlorid enthält Ladungsträger. Aber die Ionen sind anders als bei der Lösung regelmäßig festgefügt im Kristall angeordnet und nicht frei beweglich. Jedes Natrium-Ion ist im Kristall von 6 Chlorid-Ionen und jedes Chlorid-Ion von 6 Natrium-Ionen umgeben (▸ **3**).

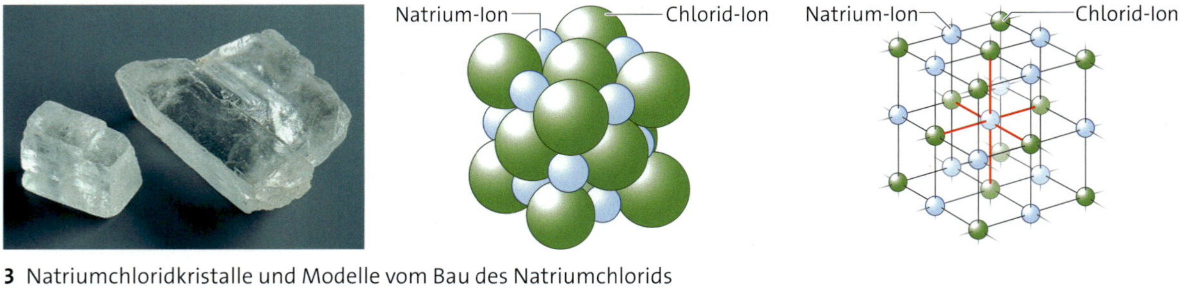

3 Natriumchloridkristalle und Modelle vom Bau des Natriumchlorids

Ionengitter Da die Natrium-Ionen und die Chlorid-Ionen ungleichnamig elektrisch geladen sind, ziehen sie einander an. Starke Anziehungskräfte halten sie in dieser regelmäßigen Anordnung zusammen. Natriumchlorid bildet **Ionenkristalle**.

4 Ionen im Natriumchlorid

Die regelmäßige Anordnung der Ionen wie in Natriumchloridkristallen wird **Ionengitter** genannt. Die Ionen sitzen fest an ihren Plätzen im Ionengitter. Deshalb sind auch die Kristalle so hart.
Der starke Zusammenhalt der Ionen im Ionengitter ist auch der Grund, weshalb festes Natriumchlorid den elektrischen Strom nicht leitet.

Chemische Bindung zwischen Ionen Der Zusammenhalt der Ionen im Natriumchlorid wird durch ihre chemische Bindung bewirkt. Diese chemische Bindung zwischen den Teilchen wird als **Ionenbindung** bezeichnet. Natrium-Ionen und Chlorid-Ionen sind im Natriumchlorid durch Ionenbindung gebunden.
Neben dem Natriumchlorid gibt es viele kristalline Stoffe, die aus positiv und negativ elektrisch geladenen Ionen aufgebaut sind (▸ Exp. 6, 8, S. 71). Alle diese Stoffe gehören zu den **Ionensubstanzen**. Natrium-, Kalium- und Magnesiumchlorid sind Beispiele für Ionensubstanzen.

Die Ionenbindung ist eine Art der chemischen Bindung, die durch Anziehungskräfte zwischen ungleichnamig elektrisch geladenen Ionen bewirkt wird. Ionensubstanzen sind salzartige, aus Ionen aufgebaute Stoffe.

Formeln von Salzen Da die Salze große Teilchenverbände aus Ionen bilden, geben die Formeln jeweils nur das kleinstmögliche Zahlenverhältnis dieser Ionen an. Die Formel eines Salzes kennzeichnet folglich nur die kleinste **Baueinheit**. Die Anzahl der Ionen einer Baueinheit wird als tiefgestellte Zahl hinter dem Symbol des Elements angegeben. Die Ladungen der Ionen einer Baueinheit gleichen sich aus und werden deshalb in der Formel nicht angegeben.

Formel	kennzeichnet den Stoff	kennzeichnet das Zahlenverhältnis der Ionen
$NaCl$	Natriumchlorid	$Na^+ : Cl^- = 1 : 1$
$CaBr_2$	Calciumbromid	$Ca^{2+} : Br^- = 1 : 2$
$AlCl_3$	Aluminiumchlorid	$Al^{3+} : Cl^- = 1 : 3$

7 Aussagen aus Formeln von Salzen

Info
Kristalle gibt es in der Natur in vielen Formen und Farben, oft auch bei Stoffen, die nicht aus Ionen bestehen. Symmetrie in der Natur – am kostbaren Edelstein ebenso zu bewundern wie an schnell vergänglichen Eiskristallen.

5 Der Edelstein Amethyst besteht aus Siliciumdioxid SiO_2 (Quarz) mit eingeschlossenen Eisen-Ionen

6 Eiskristall

Aufgaben

1 Beschreibe den Bau von Natriumchlorid anhand des Modells (▸ **3**). Kennzeichne die chemische Bindung im Natriumchloridkristall.

2 Erläutere, weshalb Magnesium-Ionen zweifach positiv, Chlorid-Ionen dagegen einfach negativ elektrisch geladen sind.

3 Die Atomhülle eines Natrium-Ions gleicht der eines Edelgasatoms. Erläutere.

Eigenschaften von Salzen

Das wohl salzigste Gewässer der Erde ist der Assalsee mit einem Salzgehalt von 34,8 %. An seinen Ufern in einem entlegenen Wüstengebiet Ostafrikas verkrusten würflige Salzkristalle zu meterdicken Platten.

1 Assalsee

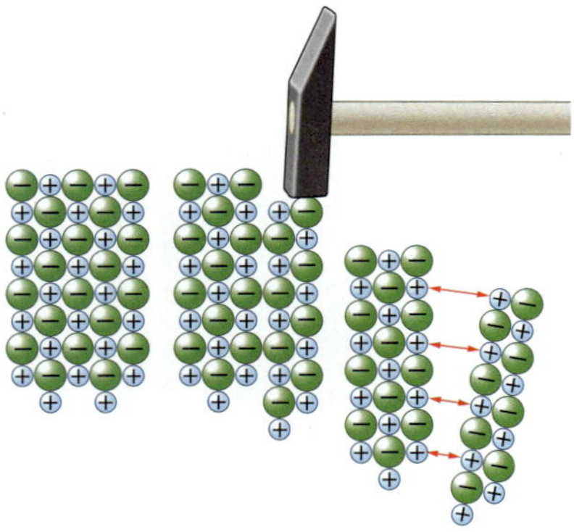

2 Ionenkristalle sind spröde (Modell).

Einige Eigenschaften von Salzen Nach dem experimentellen Untersuchen der Salze könnt ihr jetzt einige Eigenschaften aus deren Bau erklären. Die kristalline Beschaffenheit ist meist mit bloßem Auge sichtbar. Die durch Ionenbindung zusammengehaltenen Ionen bilden Kristalle, die regelmäßige Formen zeigen.

Die harten Kristalle der Salze lassen sich nicht so verformen wie beispielsweise Metalle (▸ Exp. 2, S. 70). Beim Einwirken einer Kraft auf die Salzkristalle verschieben sich die Ionenschichten gegeneinander. Die Ionenbindung wird überwunden, es stehen sich gleichnamig geladene Ionen gegenüber, die sich gegenseitig abstoßen. Der spröde Kristall zerspringt (▸ **2**).

Schmelztemperatur Feste, aus Ionen aufgebaute Stoffe haben im Allgemeinen hohe Schmelztemperaturen (▸ Exp. 9, S. 71). Beim Schmelzen der Salze muss die Ionenbindung überwunden werden. Bei Erwärmung schwingen die Ionen immer stärker im Ionengitter. Schließlich verlassen sie ihre Plätze, das Ionengitter wird zerstört. Die Ionen sind in der Schmelze frei beweglich. Die Schmelze leitet daher im Gegensatz zum festen Salz den elektrischen Strom (▸ Exp. 10, S. 71).

Name der Ionensubstanz	Schmelztemperatur in °C
Bariumchlorid	963
Magnesiumchlorid	712
Natriumfluorid	992

3 Schmelztemperaturen einiger Ionensubstanzen

Ionensubstanzen sind kristallin, spröde und haben meist eine hohe Schmelztemperatur.

Lösevorgang In der Natur, vor allem auch im Boden, werden Salze mehr oder weniger rasch in Wasser gelöst. Als Pflanzennährstoffe eingesetzte Mineralsalze werden für die Pflanzen erst verfügbar, wenn die Nährstoffe Kalium, Phosphor, Stickstoff, Calcium oder Magnesium als Ionen oder in Ionen gebunden vorliegen.

Salzkristalle lösen sich meist leicht im Wasser (▸ Exp. 7, S. 71), dennoch muss zum Abbau des Ionengitters Energie aufgewendet werden. Die Spaltung der chemischen Bindung zwischen den Ionen ist ein endothermer Vorgang. Der scheinbare Widerspruch kann damit erklärt werden, dass die elektrisch geladenen Ionen Wassermoleküle anziehen und sich jeweils mit einer Hülle aus Wassermolekülen umgeben (▸ **4**). Bei diesem Vorgang, der **Hydratation**, wird Wärme an die Umgebung abgegeben. Diese Wärme reicht oft aus, um die Ionenbindung im Kristall zu überwinden. Die von einer Hülle aus Wassermolekülen umgebenen **hydratisierten Ionen** sind in der Lösung frei beweglich.

Ionen in Reaktionsgleichungen Die Lösung einer Ionensubstanz hat andere Eigenschaften als das feste Salz. Beim Lösen finden Energieumwandlungen statt und Teilchen ordnen sich um. Das Lösen von Ionensubstanzen, z. B. von Natriumchlorid, lässt sich durch Wortgleichungen darstellen. Dabei steht „aq" für Wasser (lat. *aqua*).

Natriumchlorid (s) + Wasser (l) ⟶ Natriumchloridlösung (aq)

In einer Reaktionsgleichung für diesen Vorgang, der auch als **Dissoziation** (lat. *dissociare:* trennen) bezeichnet wird, verzichtet man oft auf die Angabe des Wassers. Es werden nur die Formel des festen Ausgangsstoffes und die chemischen Zeichen der in der Lösung vorliegenden Ionen angegeben. Solche Reaktionsgleichungen sind **Ionengleichungen**.

$NaCl(s) \longrightarrow Na^+(aq) + Cl^-(aq)$ oder $NaCl \longrightarrow Na^+ + Cl^-$

Dabei ist das Verhältnis der Ionen im Ionenkristall zu berücksichtigen. Die Anzahl der positiven elektrischen Ladungen muss in der Ionengleichung gleich der Anzahl der negativen elektrischen Ladungen sein.

$CaCl_2(s) \longrightarrow Ca^{2+}(aq) + 2\,Cl^-(aq)$

Eindampfen von Salzlösungen Festes Salz bleibt nach dem Eindampfen der Lösungen zurück (▸ Exp. 8, S. 71). Die Lösung wird durch den Entzug von Wasser eingeengt. Es sind nicht mehr alle Ionen von einer Hülle aus Wassermolekülen umgeben. Die Anziehungskräfte der ungleichnamig elektrisch geladenen Ionen wirken nun so stark, dass sich diese wieder regelmäßig zum Ionengitter anordnen und durch Ionenbindung zusammengehalten werden. Kristalle entstehen, die für das Natriumchlorid immer würfelförmig sind. Die Ionengleichung dafür lautet:

$Na^+(aq) + Cl^-(aq) \longrightarrow NaCl(s)$

Dieser Vorgang verläuft umgekehrt zum Lösen von Salzen. Die Dissoziation von Salzen ist also eine umkehrbare Reaktion. Dies wird in der Reaktionsgleichung durch einen Doppelpfeil ausgedrückt:

$NaCl(s) \rightleftharpoons Na^+(aq) + Cl^-(aq)$

Der Abbau von Ionengittern beim Lösen von Salzen und der Aufbau von Ionengittern beim Eindampfen ihrer Lösungen sind einander entgegengesetzt verlaufende Vorgänge.

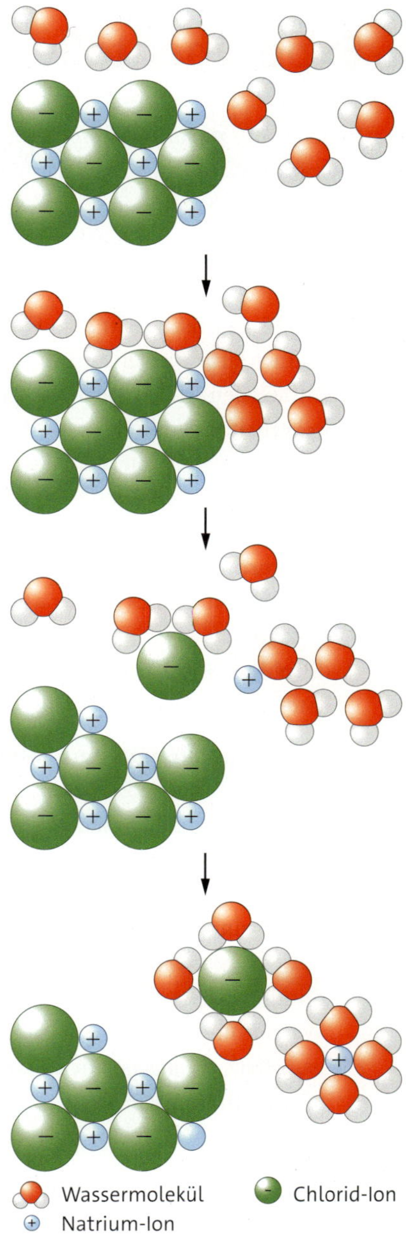

4 Modell: Lösen eines Salzes in Wasser

Aufgaben

1 Entwickle die Reaktionsgleichung für das Lösen von Kupfer(II)-chlorid (Formel $CuCl_2$).

2 Erläutere den Lösevorgang am Beispiel von Kaliumchlorid.

3 In Dampfbügeleisen soll entsalztes Wasser verwendet werden. Begründe.

Experimentelles Problemlösen

In den Naturwissenschaften lassen sich durch geschickte Wahl von Experimenten Lösungen zu vielen Problemen finden. Beim experimentellen Problemlösen ist ein Vorgehen nach der angegebenen Schrittfolge sinnvoll.

Auf dem Labortisch steht eine Vorratsflasche mit Caesiumchlorid. Sie soll zurück in die Sammlung gestellt werden. Hinsichtlich der Zuordnung besteht Unsicherheit. Caesiumchlorid sieht aus wie ein Salz.

1 Erfasse das Problem.
Caesiumchlorid soll der richtigen Stoffgruppe zugeordnet werden. Anhand der äußeren Beschaffenheit des Stoffes ist das nicht eindeutig erkennbar.
Problem: Kann Caesiumchlorid den salzartigen Stoffen zugeordnet werden?

2 Leite eine Vermutung zur Lösung des Problems ab.
Es ist bekannt, dass salzartige Stoffe Ionensubstanzen sind, die aus positiv elektrisch geladenen Metall-Ionen und negativ elektrisch geladenen Ionen aufgebaut sind. Die Ionen sind im Ionengitter regelmäßig angeordnet und durch Ionenbindung chemisch gebunden.
Vermutung: Caesiumchlorid ist eine Ionensubstanz, die aus positiv elektrisch geladenen Caesium-Ionen und negativ elektrisch geladenen Chlorid-Ionen aufgebaut ist.

3 Leite aus der Vermutung experimentell überprüfbare Folgerungen ab.
Wenn die aufgestellte Vermutung richtig ist, dann müsste man Folgendes beobachten: Festes Caesiumchlorid leitet den elektrischen Strom nicht, eine Caesiumchloridlösung oder die Schmelze müssten dagegen elektrisch leitfähig sein.

4 Plane ein Experiment, führe es durch und beobachte.
Trockenes, festes Caesiumchlorid wird auf elektrische Leitfähigkeit geprüft. Danach werden etwa 10 g Caesiumchlorid mit destilliertem Wasser verrührt, bis eine klare Lösung entstanden ist. Die Lösung wird ebenfalls auf elektrische Leitfähigkeit geprüft (► 1).

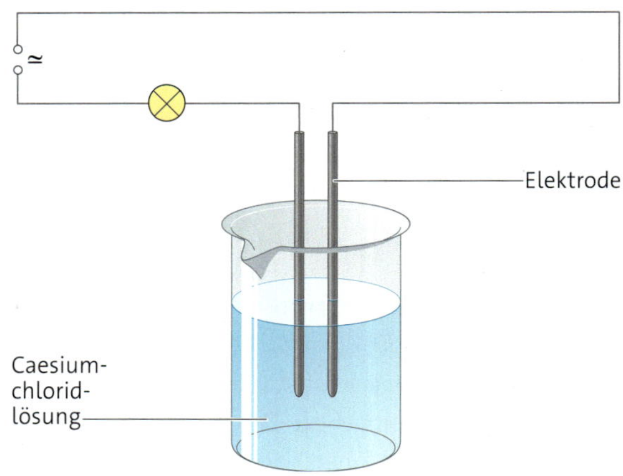

1 Versuchsapparatur

5 Vergleiche die Beobachtungsergebnisse mit den experimentell überprüfbaren Folgerungen.
Bei der Caesiumchloridlösung leuchtet die Glühlampe auf, beim festen Caesiumchlorid dagegen nicht. Die experimentell überprüfbaren Folgerungen und die Beobachtungsergebnisse stimmen überein.

6 Formuliere eine Aussage über die Richtigkeit einer Vermutung.
Die Vermutung wurde bestätigt: Caesiumchlorid ist eine Ionensubstanz, ein salzartiger Stoff.

Metallhalogenide – Ionensubstanzen

Salziges Natrium und Kalium gelten als „Gegenspieler“ im menschlichen Organismus. Mit zu kochsalzreicher Kost wird Wasser im Gewebe angestaut. Kartoffeln, Reis, Blumenkohl, Spinat oder Nüsse sind dagegen gute Kaliumlieferanten. Kaliumreiche Ernährung und natriumarmes Mineralwasser – gut für die Gesundheit. Aber falsch ausgedrückt aus chemischer Sicht?!

Bedeutung einiger Salze Salz ist nicht gleich Salz! Nicht nur das Natriumchlorid ist Bestandteil des Speisesalzes oder wichtiger Arzneimittel. Der Gebrauch von iodiertem Speisesalz mit Zusatz von 0,04 bis 0,06 % eines **Fluorids** verbessert die Versorgung des Menschen mit den Elementen Iod und Fluor. Letzteres benötigt der Mensch zum Aufbau des Knochenskeletts. Deshalb wird Natriumfluorid auch dem Trinkwasser zugesetzt. Zahncremes enthalten Fluoride, um der Erkrankung durch Karies vorzubeugen.
Iodide beugen Schilddrüsenerkrankungen vor. Störungen der Herz- und Kreislauftätigkeit sowie des Körperwachstums wären die schädlichen Folgen von Funktionsstörungen der Schilddrüse.
Kaliumchlorid enthält mit den Kalium-Ionen einen der Hauptpflanzennährstoffe. Es ist deshalb Bestandteil von Mineraldüngern.

Ionen und Ionenbindung bei Metallhalogeniden In den Salzlagerstätten finden sich neben dem bekannten Steinsalz (Halit) auch Kaliumchlorid (Sylvin) oder Calciumfluorid (Flussspat). Diese natürlich vorkommenden Mineralien sind Verbindungen aus Metallen und den Halogenen Fluor, Chlor, Brom oder Iod, **Metallhalogenide** genannt.
Die Kristalle dieser Mineralien bestehen wie beim Natriumchlorid aus einer riesengroßen Anzahl von Ionen. Positiv elektrisch geladene Metall-Ionen und negativ elektrisch geladene Chlorid-, Bromid- oder Iodid-Ionen ziehen sich gegenseitig an. Mit jeweils einer Achterschale (Edelgasschale) als Außenschale weisen beide Ionenarten eine stabile Elektronenanordnung auf. Die Ionen halten im Kristall durch Ionenbindung zusammen.

Massenanteil und Massenkonzentration Zur Kennzeichnung der Zusammensetzung einer Salzlösung können unterschiedliche Angaben genutzt werden.
Eine Kochsalzlösung mit einem **Massenanteil** w von 10 % Natriumchlorid enthält 10 g Natriumchlorid auf 100 g Salzlösung. Um eine solche Lösung herzustellen, müssen also 10 g Natriumchlorid in 90 g Wasser gelöst werden. Bezieht sich die Masse des gelösten Stoffes dagegen auf das Volumen der Lösung, wird die **Massenkonzentration** β angegeben.
Beispielsweise enthält die physiologische Kochsalzlösung 9 g Natriumchlorid auf 1 l Infusionslösung.

$w(\text{NaCl}) = 10\,\%$ $\qquad$ $\beta(\text{NaCl}) = 9\text{ g/l}$

1 Ob sie „natriumarmes“ Wasser trinkt?

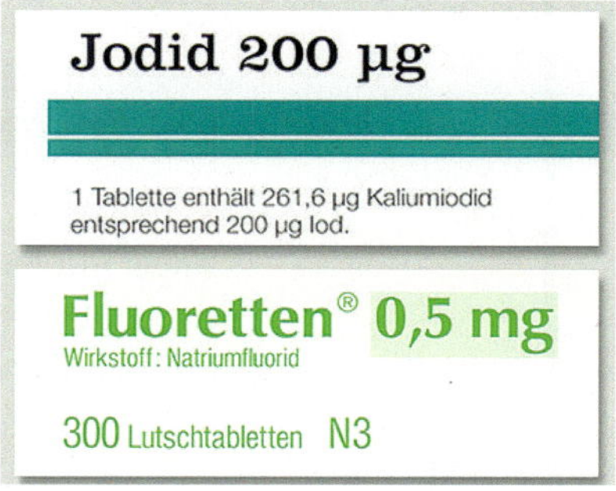

2 Verbindungen der Halogene in Medikamenten

Massenanteil

$$w(\text{B}) = \frac{m(\text{B})}{m(\text{Lösung})}$$

w(B)	Massenanteil des gelösten Stoffes B
m(B)	Masse des gelösten Stoffes
m(Lösung)	Masse der Lösung

Massenkonzentration

$$\beta(\text{B}) = \frac{m(\text{B})}{V(\text{Lösung})}$$

β(B)	Massenkonzentration des gelösten Stoffes B
m(B)	Masse des gelösten Stoffes B
V(Lösung)	Volumen der Lösung

3 Angaben zur Zusammensetzung von Lösungen

Kochsalz und andere Salze

Kochsalz (Natriumchlorid)

Für den menschlichen Körper lebenswichtiger Stoff, der in großen Salzlagerstätten und im Meerwasser gelöst vorkommt.
Die harten, spröden, würfelförmigen Kristalle besitzen eine hohe Schmelztemperatur. Kochsalz löst sich gut in Wasser und wird als Würzmittel, Konservierungsmittel und Rohstoff für die chemische Industrie verwendet.

Bau von Natriumchlorid

Natriumchlorid ist aus einfach positiv elektrisch geladenen Natrium-Ionen und einfach negativ elektrisch geladenen Chlorid-Ionen aufgebaut, die im Ionengitter regelmäßig geordnet und durch Ionenbindung chemisch gebunden sind.

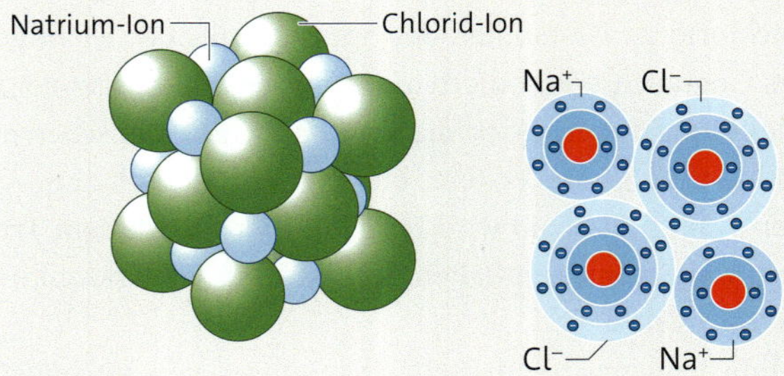

Salze

Harte, spröde, kristalline Stoffe, die meist eine hohe Schmelztemperatur haben. Im festen Zustand leiten sie den elektrischen Strom nicht, ihre Schmelzen und wässrigen Lösungen leiten dagegen den elektrischen Strom.

Kristalle von Kaliumchlorid

Bau von Salzen

Salze sind Ionensubstanzen, die aus positiv elektrisch geladenen Metall-Ionen und negativ elektrisch geladenen Ionen aufgebaut sind. Zwischen den ungleichnamig geladenen Ionen liegt Ionenbindung vor. Die Ionen sind in einem Ionengitter regelmäßig angeordnet.

Ionenbindung

Art der chemischen Bindung, die durch Anziehungskräfte zwischen ungleichnamig elektrisch geladenen Ionen bewirkt wird

Ionengitter

Modellvorstellung zur regelmäßigen Anordnung der Ionen in Ionenkristallen

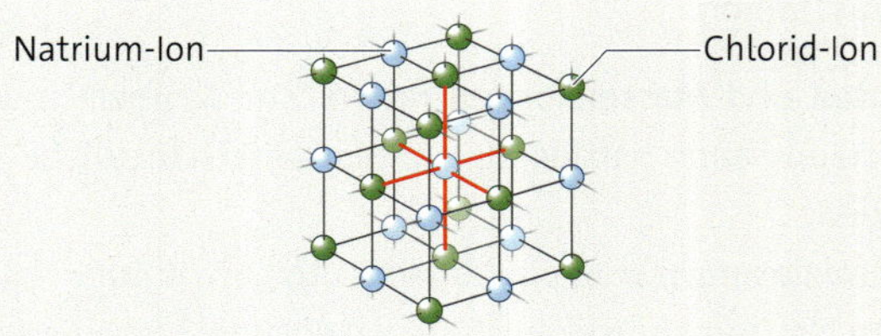

Ionengleichung

Reaktionsgleichung, in der die reagierenden Ionen angegeben sind, z. B. für das Lösen eines Salzes bzw. das Eindampfen einer Salzlösung

$NaCl(s) \longrightarrow Na^+(aq) + Cl^-(aq)$ $\quad$ $Na^+(aq) + Cl^-(aq) \longrightarrow NaCl(s)$

Aufgaben

1 Kochsalz wird in manchen Ländern aus dem Meerwasser gewonnen.
a Gib geografische Regionen an, wo das möglich ist.
b Beschreibe dieses Verfahren.

2 Kaliumchlorid kommt wie Natriumchlorid in großen Salzlagerstätten vor.
a Nenne typische Eigenschaften von Kaliumchlorid.
b Beschreibe den Bau von Kaliumchlorid und benenne die Art der chemischen Bindung.
c Begründe, warum festes Kaliumchlorid den elektrischen Strom nicht leitet.

3 Nenne drei Beispiele für Metallhalogenide und gib jeweils deren Bedeutung an.

4 Schlägt man mit einem Hammer auf einen Natriumchloridkristall, zerspringt dieser. Erkläre, warum die meisten Bruchstücke glatte Flächen aufweisen.

5 Gib die Namen und chemischen Zeichen der Ionen an, aus denen die folgenden Salze aufgebaut sind. Gib die Formeln dieser Salze an: Lithiumchlorid, Magnesiumiodid, Aluminiumbromid.

6 Beschreibe den Lösevorgang von Magnesiumchlorid in Wasser mithilfe des Teilchenmodells. Formuliere die Ionengleichung für diesen Lösevorgang.

7 Entwickle die Ionengleichungen für das Lösen und Eindampfen von Aluminiumchlorid.

8 Begründe, warum Metallchloride bei Zimmertemperatur fest sind.

Hilfe zu den Aufgaben findest du auf den Seiten ...

1	72, 73	5	75
2	74, 75	6	76, 77
3	79	7	77
4	76	8	76, 79

Material A: Salze – Helfer im Winterdienst

Um im Winter vereiste Straßen aufzutauen oder Eisbildung zu verhindern, kommen häufig Salze zum Einsatz. Ein bekanntes Streusalz ist Calciumchlorid $CaCl_2$.

Calciumchlorid bildet weiße, in Wasser sehr gut lösliche Kristalle, ist wasserfrei stark hygroskopisch ...
Calciumchloridlösungen haben eine niedrigere Schmelztemperatur als das reine Lösemittel.

A1 Lexikoneintrag (Auszug)

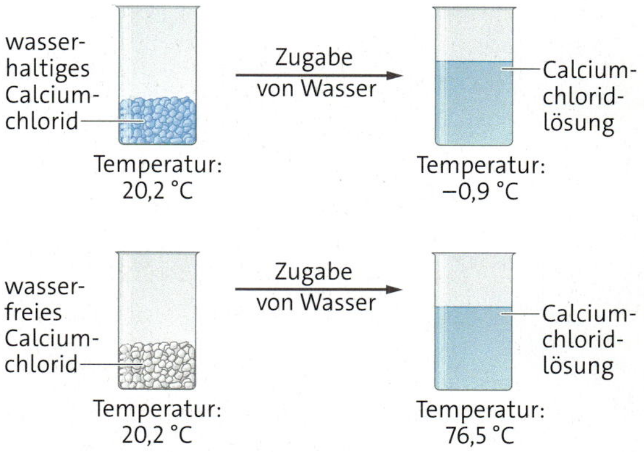

A2 Ermittelte Messergebnisse beim Lösen von Calciumchlorid

1 Erläutere den Lösevorgang von wasserfreiem Calciumchlorid (▸ **A2**).

2 Charakterisiere die Energieumwandlungen, die beim Lösen von wasserhaltigem und wasserfreiem Calciumchlorid stattfinden (▸ **A2**).

3 Leite aus den Eigenschaften Verwendungsmöglichkeiten des Calciumchlorids ab (▸ **A1, A2**).

4 Begründe, warum Calciumchlorid als Streusalz geeignet ist (▸ **A1**).

5 Bewerte den Einsatz von Streusalz im Winter.

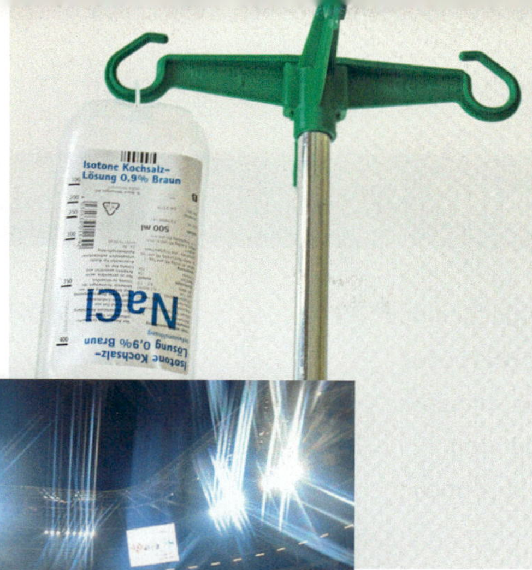

Chemische Reaktionen von Metallen mit Nichtmetallen

Unter Funkensprühen verbrennen Eisenkörnchen der Wunderkerze im Sauerstoff der Luft. Funken sprühen ebenfalls, wenn Eisen beim Brennschneiden mit aufgeblasenem Sauerstoff reagiert. In ähnlicher Weise führen chemische Reaktionen von Metallen mit Halogenen zur Bildung von Metallhalogeniden und tauchen dabei das Dresdner Fußballstadion in gleißendes Licht.

Alkalimetalle

Die frischen Schnittflächen der Elemente der I. Hauptgruppe ähneln sich in ihrem Aussehen. Wir suchen nach weiteren Gemeinsamkeiten, aber auch Unterschieden.

1 Die Alkalimetalle Lithium, Natrium, Kalium, Rubidium und Caesium

Exp. 1 | L

Schneiden von Natrium

Vorsicht! Schutzbrille! Ein Stück Natrium (GHS02|05) aus der Vorratsflasche wird mit Filterpapier abgetupft. Mit einem Messer wird eine Probe angeschnitten und die Schnittfläche betrachtet.

Natrium
Farbe: silbrig
Glanz: glänzend, leicht anlaufend
Schmelztemperatur: 98 °C
Siedetemperatur: 892 °C
Verformbarkeit: sehr gut
Dichte: 0,97 g/cm^3 (bei 20 °C)
Elektrische Leitfähigkeit: gut
Härte: sehr weich
Wärmeleitfähigkeit: gut
Flammenfärbung: intensiv gelb

Natrium – ein typisches Metall Natrium gehört mit seinen Eigenschaften zu den Metallen (▸ Steckbrief). Es ist ungewöhnlich weich, sodass es mit einem Messer geschnitten werden kann. Seine frischen Schnittflächen glänzen silbrig, laufen an der Luft aber schnell wieder an (▸ Exp. 1). Daher muss es in Paraffinöl unter Luftabschluss gelagert werden. Natrium steht im Periodensystem der Elemente in der I. Hauptgruppe. Natriumatome haben jeweils nur ein Außenelektron. Durch die Abgabe dieses Elektrons können einfach positiv elektrisch geladene Ionen gebildet werden. Damit erklärt sich auch die große Reaktionsfähigkeit von Natrium.

Verwendung und Bedeutung Wegen der guten Lichtausbeute werden z. B. Natriumdampflampen oft im Straßenverkehr eingesetzt. Die typische Gelbfärbung von Natrium und seinen Verbindungen dient auch als Hinweis auf sein Vorhandsein. Schon geringe Mengen färben die nichtleuchtende Brennerflamme intensiv gelb (▸ Exp. 2). In der Industrie wird Natrium als Reduktionsmittel bei der Herstellung von Metallen, z. B. Titan, verwendet und im Labor findet es Verwendung als Trocknungsmittel für bestimmte Lösemittel.

Vorkommen Natrium kommt in der Natur nur in chemisch gebundener Form vor. Es ist das sechsthäufigste Element der Erdkruste. Eine wichtige Natriumverbindung ist z. B. das bekannte Kochsalz.
Natrium wurde im Jahr 1807 erstmals von dem Engländer Humphry Davy (1778–1829) mithilfe des elektrischen Stroms aus geschmolzenem Ätznatron (Natriumhydroxid NaOH) gewonnen. Durch ein ähnliches Verfahren werden heute jährlich über 400 000 t Natrium aus geschmolzenem Natriumchlorid hergestellt.

Exp. 2 **Flammenfärbung von Alkalimetallen**

Tauche ein Magnesiastäbchen in konzentrierte Salzsäure (GHS05) und glühe es aus. Bringe mit dem Magnesiastäbchen Proben von Lithiumchlorid (GHS07) in die nichtleuchtende Brennerflamme. Wiederhole das Experiment mit Kalium- und Natriumchlorid. Notiere deine Beobachtungen.
Entsorgung: Feststoffe in den Behälter für Hausmüll geben.

Exp. 3 **L** **Reaktivität der Alkalimetalle**

Vorsicht! Schutzscheibe! Entrindete erbsengrose Stücke Lithium (GHS02|05), Natrium (GHS02|05) und Kalium (GHS02|05) werden in einer Kristallisierschale auf mit Phenolphthaleinlösung versetztes Wasser gegeben.

Alkalimetalle Ähnlich wie Natrium überziehen sich die Elemente Lithium, Kalium, Rubidium und Caesium an der Luft schnell mit einer Oxidschicht. Zur Aufbewahrung werden Rubidium und Caesium deshalb in luftleere Glasampullen eingeschmolzen (▸**1**). Die fünf Metalle reagieren in ähnlicher Weise mit Wasser (▸ Exp. 3). Sie bilden zusammen mit dem sehr seltenen radioaktiven Francium die **Elementfamilie (Elementgruppe) der Alkalimetalle.**
Die Alkalimetalle unterscheiden sich jedoch auch voneinander. So nimmt ihre Reaktivität mit Wasser von Lithium zu Caesium zu. Auch Schmelz- und Siedetemperaturen, Dichte und Härte verändern sich innerhalb der Gruppe (▸**3**). In der nichtleuchtenden Brennerflamme zeigen die Alkalimetalle und ihre Verbindungen typische Verfärbungen (▸ Exp. 2; ▸**2**).

Eine Elementfamilie umfasst Elemente mit sehr ähnlichen Eigenschaften und Reaktionen. Innerhalb einer Elementfamilie ändern sich die Eigenschaften regelmäßig.

Aufgaben

1 Vergleiche den Atombau von Lithium mit dem von Caesium.

2 Begründe, warum Alkalimetalle in der Natur nur in Verbindungen vorkommen.

3 Nenne drei typische Eigenschaften, die zeigen, dass Kalium ein Metall ist.

4 Begründe, warum Natrium mit einer Pinzette und Gummihandschuhen angefasst werden muss.

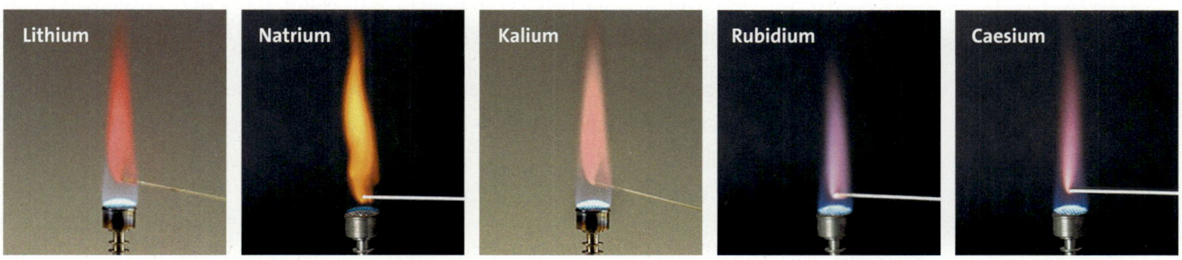

2 An der Flammenfärbung können die Alkalimetalle unterschieden werden.

Name (Symbol des Elements)	Relative Atommasse in u	Schmelztemperatur in °C	Siedetemperatur in °C	Dichte in g/cm³ bei 20 °C	Härte	Flammenfärbung	Reaktivität mit Wasser/Sauerstoff
Lithium Li	6,9	180	1372	0,53	nimmt ab	rot	nimmt zu
Natrium Na	23	98	892	0,97		gelb	
Kalium K	39	64	760	0,86		rotviolett	
Rubidium Rb	85,5	38,9	688	1,53		dunkelrot	
Caesium Cs	133	28,4	679	1,88		blauviolett	

3 Eigenschaften der Alkalimetalle

Halogene

Halogenlampen werden als moderne und leistungsstarke Leuchtmittel verwendet. Ihre Füllungen enthalten Zusätze von Brom oder Iod. Hierdurch kann die Temperatur der Glühwendel und damit auch die Lichtausbeute erhöht werden.

1 Halogenlampen erleuchten das Dresdner Fußballstadion.

Neben den bisher kennengelernten Metallen gibt es auch unter den Nichtmetallen Elemente, die eine enge chemische Verwandtschaft aufweisen.

Fluor Fluor ist bei 20 °C ein gasförmiges, fast farbloses Nichtmetall. Es ist aus zweiatomigen Molekülen aufgebaut und sehr reaktiv. Mit Wasser reagiert Fluor bereits bei Raumtemperatur. Es ist sehr giftig, der Hautkontakt führt zu starken Verätzungen. Sein Name (lat. *fluor:* Fluss) leitet sich vom Mineral Calciumfluorid (Flussspat) ab.

2 Stoffproben von Chlor und Brom

Chlor Bei 20 °C ist Chlor ein gelbgrünes Gas (griech. *chloros:* gelbgrün) mit stechendem Geruch (► **2**). Genauso wie Fluor ist es aus zweiatomigen Molekülen aufgebaut und sehr reaktiv. Chlor ist ein gefährliches Atemgift und in Wasser mäßig löslich.

Brom Als eins von nur zwei Elementen ist Brom bei 20 °C eine dunkelrotbraune Flüssigkeit (► **2**). Schon bei dieser Temperatur bilden sich braune Dämpfe, die unangenehm riechen (griech. *bromos:* Gestank) und giftig sind. Auch Brom ist aus zweiatomigen Molekülen aufgebaut. Auf der Haut führt es zu schmerzhaften Verätzungen. Ähnlich wie Chlor ist Brom sehr reaktionsfähig, aber in Wasser nur wenig löslich.

3 Stoffprobe von Iod

Iod Iod liegt bei 20 °C in Form von weichen, grauvioletten, metallisch glänzenden Kristallen vor (► **3**). Es ist aus zweiatomigen Molekülen aufgebaut. Schon bei leichter Erwärmung bildet Iod violette Dämpfe (griech. *ioeides:* veilchenfarbig), die stark schleimhautreizend wirken. Iod ist im Vergleich zu Fluor, Chlor und Brom am wenigsten reaktiv. In Wasser ist es kaum löslich, dafür aber in Alkohol. Diese braune Lösung wurde früher zur Desinfektion von Wunden verwendet (Iodtinktur).

Halogen	Molekülformel und -modell	Farbe des Gases	Schmelztemperatur in °C	Siedetemperatur in °C	Löslichkeit in Wasser	Reaktionsfähigkeit
Fluor	F_2 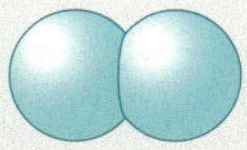	schwach grünlich	−220	−188	reagiert mit Wasser	**nimmt ab** 
Chlor	Cl_2 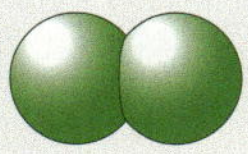	grüngelb	−101	−35	mäßig	
Brom	Br_2 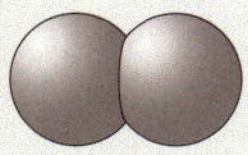	dunkelrotbraun	−7	58	gering	
Iod	I_2 	blauviolett	114	183	schlecht	

4 Elementfamilie der Halogene

Halogene Fluor, Chlor, Brom und Iod bilden aufgrund ihrer gemeinsamen Eigenschaften die **Elementfamilie der Halogene** (griech. *hals:* Salz; *gennan:* bilden). Sie weisen einen charakteristischen Geruch auf und sind aus zweiatomigen Molekülen aufgebaut. In den Halogenmolekülen wird der Zusammenhalt der zwei Atome durch die Atombindung (Elektronenpaarbindung) bewirkt. Obwohl ihre Reaktionsfreudigkeit von Fluor zu Iod abnimmt, sind sie sich chemisch sehr ähnlich (▸**4**). So ist nicht nur Chlor in der Lage, organische Farbstoffe zu zerstören (▸Exp. 4; ▸**5**). In der Natur kommen die vier Elemente nur in Form ihrer Verbindungen vor. Mit dem gleichen Reaktionspartner bilden sie Verbindungen mit vergleichbarer Verhältnisformel, z. B. bei der Reaktion mit Natrium. Zu den Halogenen zählt weiterhin das Element Astat (At).

Bedeutung Um Karies vorzubeugen, werden fluorhaltige Verbindungen in geringen Mengen Zahnpasten und Speisesalz zugesetzt. Auch zur Herstellung von Kunststoffen wie Teflon® wird Fluor benötigt. Chlor wird zur Desinfektion z. B. in Schwimmbädern eingesetzt. Es ist ein wichtiger Ausgangsstoff für Kunststoffartikel aus Polyvinylchlorid (PVC) sowie für Pflanzenschutzmittel, Lösemittel, Medikamente und Farbstoffe. Brom und Bromverbindungen werden in der Medizin und in der analogen Fotografie benutzt. Iodverbindungen sind für den menschlichen Organismus sehr wichtig und werden deshalb dem Speisesalz zugefügt.

Exp. 4 | **L**

Wirkung von Chlor auf Blütenblätter

Vorsicht! Abzug! Ein trockener Standzylinder wird mit Chlor (GHS06|09) gefüllt. Es werden farbige Blütenblätter dazugegeben. Der Standzylinder wird verschlossen.

5 Bleichende Wirkung von Chlor

Aufgaben

1 Stelle das Fluormolekül in der Lewis-Schreibweise dar.

2 Erkunde, ob die im Haushalt verwendeten Chemikalien Chlorverbindungen enthalten. Notiere deren Verwendungszwecke.

3 Erläutere das Wesen der Atombindung am Beispiel eines Iodmoleküls.

4 Vergleiche die Atombindung im Chlormolekül (Cl_2) mit der Ionenbindung im Natriumchlorid (NaCl).

Chemische Reaktionen von Metallen mit Halogenen

Es ist bekannt, dass die Halogene als Salzbildner bezeichnet werden. In der Natur gibt es neben Natriumchlorid viele Salze, in denen die Elemente Fluor, Chlor, Brom und Iod enthalten sind.

1 Reaktion von Natrium mit Chlor im Reaktionsrohr

Exp. 5 | L

Chemische Reaktion von Natrium mit Chlor

Vorsicht! Abzug! Schutzbrille! Ein kleines Stück erhitztes Natrium (GHS02|05) wird in einem Standzylinder mit Chlor (GHS06|09) zur Reaktion gebracht.

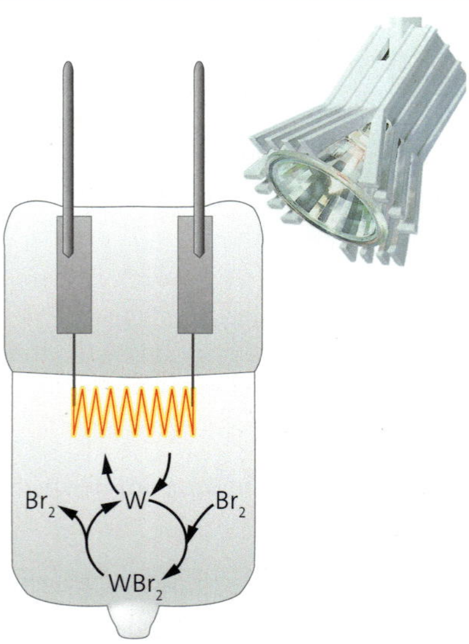

2 Mehr Licht durch Halogene

Halogenide Die Elementfamilie der Halogene zeigt im Verhalten gegenüber Metallen große Ähnlichkeit. Das gelbgrüne Gas Chlor reagiert mit dem Alkalimetall Natrium mit intensiver Lichterscheinung in exothermer Reaktion (▸ Exp. 5; ▸ **1**). Der sich bildende weiße, kristalline Stoff ist Natriumchlorid.

$$2\,Na\,(s) + Cl_2\,(g) \longrightarrow 2\,NaCl\,(s) \quad | \quad \text{exotherm}$$

Die Bildung von Aluminiumchlorid bzw. Aluminiumbromid aus den jeweiligen Elementen ist ebenfalls heftig und mit Wärme- sowie Lichterscheinungen verbunden.

$$2\,Al\,(s) + 3\,Cl_2\,(g) \longrightarrow 2\,AlCl_3\,(s) \quad | \quad \text{exotherm}$$
$$2\,Al\,(s) + 3\,Br_2\,(g) \longrightarrow 2\,AlBr_3\,(s) \quad | \quad \text{exotherm}$$

Wie Chlor reagieren auch Brom und Iod z. B. direkt mit Eisen, Magnesium oder Zink. Die erhitzten Metalle glühen in den Halogenen auf. Ein weißer oder farbiger Rauch setzt sich dabei an der Gefäßwand ab. Die gebildeten festen – weißen oder farbigen – **Halogenide** sind salzartige Stoffe.

In den Halogenlampen (▸ **2**) verdampft das Metall Wolfram bei der hohen Temperatur der Glühwendel. An der kälteren Kolbenwand reagiert das verdampfte Wolfram mit dem Brom bzw. Iod und bildet Wolframhalogenid. An der heißesten Stelle der Wendel wird das Wolframhalogenid wieder zersetzt. Das abgeschiedene Wolfram „heilt" damit dünne Stellen der Wendel und erhöht die Lebensdauer der Halogenlampe.

Halogene reagieren mit den meisten Metallen direkt unter Bildung von Halogeniden.

Elektronenübergang bei chemischen Reaktionen Bei der chemischen Reaktion von einigen Metallen mit Halogenen entstehen Ionensubstanzen. An einer solchen chemischen Reaktion sind Stoffe mit unterschiedlichem Bau beteiligt. In den Ausgangsstoffen liegen Atome von Metallen und Moleküle der Halogene vor. Das Reaktionsprodukt ist aus Ionen aufgebaut.

Während der chemischen Reaktion von Natrium mit Chlor kommt es zur Ionenbildung (► S. 53; ► **3**). Aus Natriumatomen werden durch Abgabe von jeweils einem Elektron einfach positiv elektrisch geladenene Natrium-Ionen. Von den Atomen der Chlormoleküle werden diese Elektronen aufgenommen. Die Chloratome bilden dadurch einfach negativ elektrisch geladene Chlorid-Ionen. In den durch Abgabe oder Aufnahme von Elektronen entstehenden Ionen besitzen die Teilchen ein stabiles Elektronenoktett (► S. 37).

Elektronenabgabe: $Na \longrightarrow Na^{+} + e^{-}$

Elektronenaufnahme: $Cl + e^{-} \longrightarrow Cl^{-}$

Elektronenaufnahme und -abgabe laufen stets gleichzeitig ab. Zwischen den Teilchen der Ausgangsstoffe findet bei dieser Reaktion ein Elektronenübergang statt.

$$2\,Na + Cl_2 \longrightarrow 2\,NaCl$$

2 e^{-} (Na → Cl_2)

Elektronenübergang

Elektronenübergang – Redoxreaktion Auch bei der Bildung anderer Ionensubstanzen kommt es zwischen den reagierenden Teilchen zu einem Elektronenübergang. Dabei wird die Abgabe von Elektronen als Oxidation und die Aufnahme von Elektronen als Reduktion bezeichnet.

Oxidation (Elektronenabgabe): $2\,Na \longrightarrow 2\,Na^{+} + 2\,e^{-}$

Reduktion (Elektronenaufnahme): $Cl_2 + 2\,e^{-} \longrightarrow 2\,Cl^{-}$

Die chemischen Reaktionen von Metallen mit den Nichtmetallen Chlor, Brom und Iod sind durch das gleichzeitige Ablaufen von Oxidation und Reduktion gekennzeichnet. Diese **Red**uktions-**Ox**idations-Reaktion heißt **Redoxreaktion**.

Oxidation (2 Na → 2 Na^{+})

$$2\,Na + Cl_2 \longrightarrow 2\,Na^{+} + 2\,Cl^{-}$$

Reduktion (Cl_2 → 2 Cl^{-})

Das gleichzeitige Ablaufen von Oxidation und Reduktion bei einer Redoxreaktion kann nur geschehen, wenn Teilchen von Stoffen existieren, die den Elektronenübergang ermöglichen. Mit dem Elektronenübergang sind Energieumwandlungen verbunden, die insgesamt zu einer stark exothermen Reaktion führen.

Redoxreaktionen sind Reaktionen mit Elektronenübergang. Bei der Oxidation werden Elektronen abgegeben, gleichzeitig werden bei der Reduktion Elektronen aufgenommen.

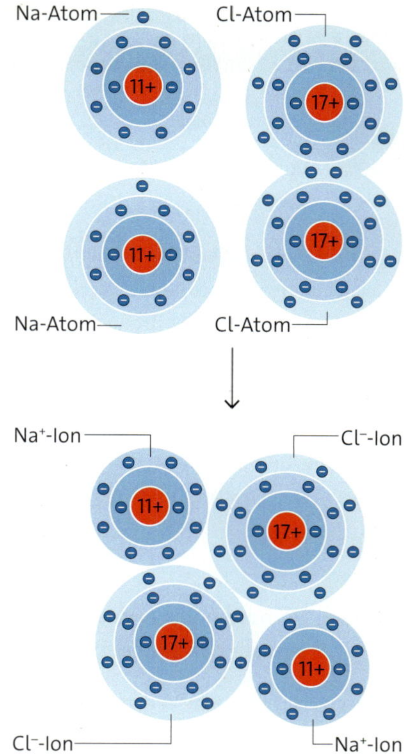

3 Bildung von Natriumchlorid aus Natrium und Chlor im Modell

Aufgaben

1 Vergleiche den Bau eines Rubidiumatoms mit dem eines Rubidium-Ions unter Nutzung des Schalenmodells.

2 Medizinische Zahnpasta enthält Natriumfluorid. Entwickle die Reaktionsgleichung für die Bildung dieses Halogenids.

3 Definiere den Begriff Redoxreaktion. Überlege, wie dieser Begriff zustande kommt.

4 Erläutere die chemische Reaktion von Magnesium mit Brom als Redoxreaktion. Kennzeichne die Teilreaktionen Oxidation und Reduktion.

Darstellen von Metalloxiden und Metallsulfiden

Exp. 6 Verhalten von Magnesium beim Erhitzen an der Luft

Vorsicht! Nicht direkt in die Flamme schauen!
Halte ein etwa 5 cm langes Stück Magnesiumband mit der Tiegelzange in die Brennerflamme, bis es sich entzündet. Lass es dann über einer schwarzen Abdampfschale abbrennen.
Notiere deine Beobachtungen. Deute das Versuchsergebnis und formuliere die Reaktionsgleichung.
Entsorgung: Feststoff in den Hausmüll geben.

Exp. 7 Verhalten von erhitzten Metallen in Sauerstoff

Erhitze auf je einem Verbrennungslöffel Eisenpulver (GHS02) und Zinkpulver (GHS09) und tauche die erhitzten Metalle in einen mit Sauerstoff gefüllten Standzylinder. Gib die erkalteten Reaktionsprodukte auf Uhrgläser.

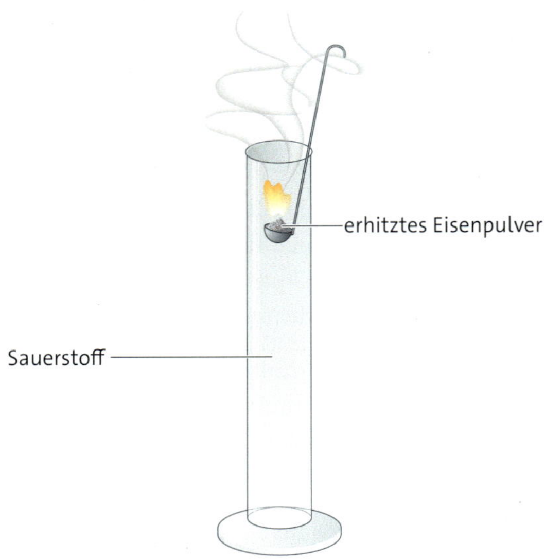

Vergleiche das Aussehen der Reaktionsprodukte mit dem der Metalle vor dem Erhitzen. Deute das Ergebnis. Entwickle Reaktionsgleichungen.
Entsorgung: Feststoff in den Hausmüll geben.

Exp. 8 Erhitzen eines Eisen-Schwefel-Gemisches

Vorsicht! Abzug! Mische 7 g Eisenpulver (GHS02) und 4 g Schwefelpulver (GHS07) und gib das Gemisch in ein senkrecht eingespanntes Reagenzglas. Erhitze kräftig mit dem Bunsenbrenner.
Notiere deine Beobachtungen.
Deute das Ergebnis. Fertige ein Protokoll an.
Entsorgung: Feststoff in den Hausmüll geben.

Exp. 9 Verhalten von Kupfer gegenüber Schwefel

Abzug! Mische Kupferpulver (GHS02|07|09) und Schwefel (GHS07) im Massenverhältnis 2 : 1. Erhitze dieses Gemisch im Reagenzglas kräftig.
Vergleiche das Aussehen des Reaktionsprodukts mit dem des Metalls vor dem Erhitzen.
Entscheide, ob eine chemische Reaktion abgelaufen ist. Begründe deine Aussage.
Entsorgung: Feststoff in den Hausmüll geben.

Exp. 10 Chemische Reaktion von Zink mit Iod

Vorsicht! Abzug! Versetze in einem Reagenzglas Zinkpulver (GHS09) mit etwas Wasser. Gib anschließend einige Iodkristalle (GHS07|09) zu.
Notiere deine Beobachtungen. Deute das Ergebnis.
Entsorgung: Feststoff in den Hausmüll geben.

Metalloxide und Metallsulfide

Chemische Verbindungen aus Metallen und Nichtmetallen Die Bildung des weißen, pulvrigen Magnesiumoxids beim Verbrennen von Magnesium an der Luft ist erst durch die chemische Reaktion des Metalls mit dem Sauerstoff der Luft möglich (▸ Exp. 6). Ähnlich bilden sich schwarzes Eisenoxid und weißes Zinkoxid, wenn die erhitzten Metalle mit Sauerstoff reagieren (▸ Exp. 7). Die Reaktionsprodukte sind **Metalloxide**, chemische Verbindungen von Metallen mit dem Element Sauerstoff.
Schwarzes Kupfersulfid entsteht bei der chemischen Reaktion von rotbraunem Kupferpulver mit gelbem Schwefel (▸ Exp. 9). Eisensulfid und Zinksulfid sind ebenfalls **Metallsulfide**, die als Erze in der Natur vorkommen.
Die chemischen Reaktionen der Metalle mit Sauerstoff und mit Schwefel sind ähnlich heftig wie die Bildung der Halogenide (▸ Exp. 10).

Redoxreaktionen Die Ähnlichkeit der Reaktionen der Metalle mit einigen Nichtmetallen wird an den Teilchenveränderungen deutlich. Bei der chemischen Reaktion von Magnesium mit Sauerstoff entsteht Magnesiumoxid (▸ Exp. 6). Dieses besteht aus Magnesium-Ionen und aus Oxid-Ionen. Die Magnesium-Ionen sind durch Elektronenabgabe aus Magnesiumatomen entstanden. Magnesiumatome werden also oxidiert. Sauerstoffmoleküle (bestehend aus 2 Sauerstoffatomen) nehmen Elektronen auf, sie werden reduziert. Zwischen Magnesiumatomen und Sauerstoffmolekülen kommt es zum Elektronenübergang:

Oxidation (Elektronenabgabe): $2\,Mg \longrightarrow 2\,Mg^{2+} + 4\,e^-$
Reduktion (Elektronenaufnahme: $O_2 + 4\,e^- \longrightarrow 2\,O^{2-}$

Redoxreaktion (Elektronenübergang): $2\,Mg + O_2 \longrightarrow 2\,Mg^{2+} + 2\,O^{2-}$

Die chemischen Reaktionen der Metalle mit Sauerstoff und mit Schwefel sind Reaktionen mit Elektronenübergang, also Redoxreaktionen.

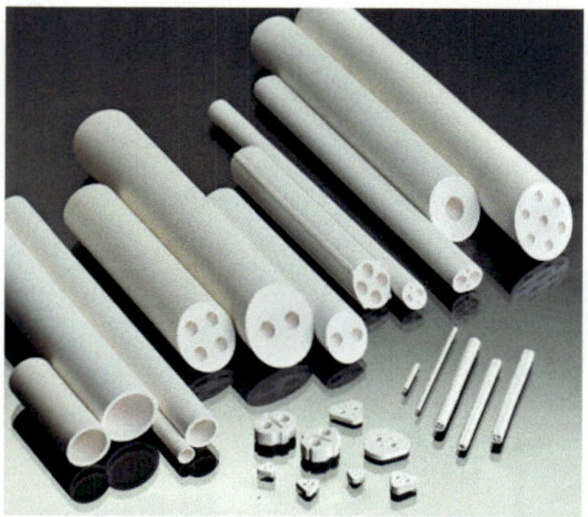

1 Magnesiumoxid (MgO) – Material für Keramikwerkstoffe, z. B. als isolierende Umhüllung für Hochtemperaturleiter

2 Zinksulfid (Sphalerit)

3 Brennender Magnesiumspan

Aufgaben

1 Eisen reagiert sowohl mit Sauerstoff als auch mit Schwefel (▸ Exp. 7, 8).
  a Entwickle für die Bildung des schwarzen Eisenoxids und des schwarzen Eisensulfids die Gleichungen für die Oxidation und die Reduktion.
  b Begründe die Zugehörigkeit dieser Reaktionen zu den Redoxreaktionen.

2 Kennzeichne die chemische Reaktion von Kupfer zu rotbraunem Kupferoxid als Redoxreaktion.

3 Erläutere die Stoff- und Energieumwandlung sowie die Veränderung der Teilchen bei der Reaktion von Zink mit Iod.

Chemische Reaktionen von Metallen mit Nichtmetallen

Alkalimetalle

Die Elemente Lithium, Natrium, Kalium, Rubidium und Caesium der I. Hauptgruppe des Periodensystems der Elemente werden als Alkalimetalle bezeichnet. In der Natur kommen die Alkalimetalle nur in ihren Verbindungen vor, da sie sehr reaktionsfreudig sind. Ihre Atome besitzen jeweils ein Außenelektron, das unter Bildung von einfach positiv elektrisch geladenen Metall-Ionen abgegeben werden kann.

Beispiel: $Na \longrightarrow Na^+ + e^-$

Halogene

Die Elemente Fluor, Chlor, Brom und Iod der VII. Hauptgruppe des Periodensystems der Elemente werden als Halogene bezeichnet. Sie kommen in der Natur nur in Halogenverbindungen vor. Die Halogene sind giftige, ätzende Stoffe. Hingegen sind einige Halogenverbindungen in geringen Mengen lebensnotwendig.

Alle Halogene sind aus Molekülen aufgebaut. Ihre Atome besitzen sieben Außenelektronen. In ihren Verbindungen liegen sie meist als einfach negativ elektrisch geladene Ionen vor. Die Ionen können durch Aufnahme jeweils eines Elektrons entstehen.

Beispiel: $Cl + e^- \longrightarrow Cl^-$

Halogenide

Halogenide sind chemische Verbindungen, die bei der Reaktion von Metallen mit Halogenen entstehen.

Metalloxide, Metallsulfide

Chemische Verbindungen von Metallen mit Sauerstoff bzw. Schwefel. Die meisten Metalle reagieren direkt mit den Nichtmetallen Sauerstoff und Schwefel. Die Reaktionsprodukte sind oft aus Ionen aufgebaute Stoffe.

Redoxreaktion

Chemische Reaktion, bei der Oxidation und Reduktion gleichzeitig ablaufen. Bei einer Redoxreaktion erfolgt ein Elektronenübergang zwischen den Teilchen der reagierenden Stoffe.

Oxidation	≙	Elektronenabgabe
Reduktion	≙	Elektronenaufnahme
Redoxreaktion	≙	Elektronenübergang

Beispiel:

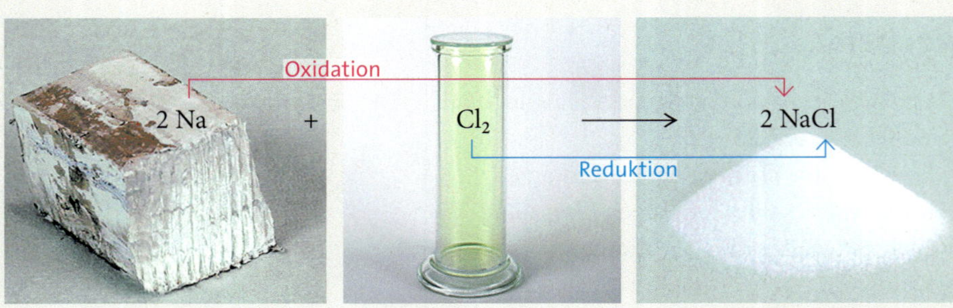

Aufgaben

1 Begründe anhand der Stellung der Alkalimetalle im Periodensystem ihre Reaktionsfreudigkeit.

2 Erläutere für die Reaktion von Lithium mit Brom zu Lithiumbromid die Teilchenveränderungen.

3 Gib an, welche der angegebenen Begriffe zusammengehören:
Elektronenübergang, Oxidation, Redoxreaktion, Elektronenabgabe, Elektronenaufnahme, Reduktion.

4 Lithium reagiert mit Sauerstoff, mit Iod und mit Schwefel.
a Entwickle die Reaktionsgleichungen.
b Vergleiche die Reaktionen miteinander.
c Ordne die Reaktionen einer Reaktionsart zu.

5 Begründe, dass die Bildung von Kaliumsulfid aus den Elementen eine Redoxreaktion ist. Nutze dazu entsprechende Gleichungen.

Hilfe zu den Aufgaben findest du auf den Seiten ...

1	84, 85	4	89, 91
2	88, 90	5	91
3	91		

Material A: Vom Kupfererz zum Kupfer

Ein Beil mit einer Klinge aus fast reinem Kupfer trug „Ötzi" bei sich, eine in den Ötztaler Alpen entdeckte Mumie.
Der Mann lebte vor etwas 5300 Jahren, stammte also aus der Jungsteinzeit, in der Menschen bereits Gebrauchsgegenstände und Schmuck aus Metallen wie Kupfer, Silber oder Gold herstellten. Gediegenes Kupfer kommt in der Natur jedoch selten vor. Vermutlich durch Zufall entdeckten die Menschen, dass Kupfer durch starkes Erhitzen bestimmter Gesteine, z. B. Azurit und Malachit, gewonnen werden kann. Wesentlicher Bestandteil dieser Mineralien (Erze) ist Kupferoxid. Noch besser gelang die Kupfergewinnung durch Verhüttung der Kupfererze zusammen mit Holzkohle in Steinöfen und Erhitzen auf über 1100 °C.

A1 Lexikoneintrag

1 Bei der Verhüttung der Kupfererze zur Gewinnung von Kupfer wurde Holzkohle zusammen mit den Erzen erhitzt. Die Holzkohle hat in diesem Verfahren zwei Funktionen. Stelle Vermutungen auf (► **A1**).

Versuchsapparatur zur Gewinnung von Kupfer aus Kupfer(II)-oxid

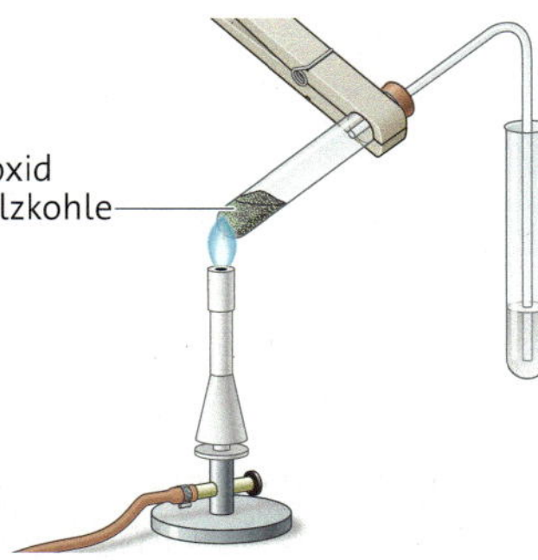

Beobachtungen: Die Reaktion läuft nach kurzem Erhitzen ohne Wärmezufuhr weiter. Das Kalkwasser wird trüb. Aus dem schwarzen Kupfer(II)-oxid ist ein rötlich brauner Stoff entstanden.

A2 Gewinnung von Kupfer im Labor

2 Benenne die Reaktionsprodukte, die bei der Reaktion von Kupfer(II)-oxid mit Holzkohle entstanden sind (► **A2**).

3 Kupfer wird aus Kupfererz gewonnen (► **A1, A2**).
a Entwickle die Reaktionsgleichung.
b Bestimme die Reaktionsart. Begründe deine Entscheidung.

4 Formuliere Vorschläge, welche weiteren Metalle mithilfe dieses Verfahrens hergestellt werden könnten.

Säuren

Ob saure Fruchtgummis, Essig oder Getränke mit Kohlensäure – auf den sauren Geschmack von Lebensmitteln wollen wir nicht verzichten. Wir empfinden die Kombination von süß und sauer angenehm. Allein vom Essig gibt es die verschiedensten Sorten zum Würzen und Verfeinern von Salat und anderen Speisen. Sprudelnde Limonaden sind erfrischend und spritzig.

Saure Lösungen

Exp. 1 Prüfung verschiedener Lösungen mit Indikatoren

Gib in je zwei Reagenzgläser jeweils 1 ml folgender Lösungen:

A: Mineralwasser, Vitamin-C-Brause, Essigessenz, Entkalker (GHS07)

B: verdünnte Salzsäure, verdünnte Schwefelsäure, verdünnte Phosphorsäure

Versetze jeweils eine Probe mit einem Tropfen Universalindikatorlösung (Unitestlösung, GHS02). Gib zu der jeweils anderen Probe jeder Lösung einen Tropfen Lackmuslösung.

Vergleiche die Farben der Lösungen jedes einzelnen Indikators. Leite daraus Schlussfolgerungen über den Einsatz des Indikators ab.

Entsorgung: Lösungen in den Behälter für saure und alkalische Abfälle geben.

Exp. 2 Indikatorpapier zum Nachweis von sauren Lösungen

Gib auf eine Tüpfelplatte in je eine Vertiefung einige Tropfen der in Experiment 1 verwendeten Lösungen. Prüfe alle Lösungen mit je einem kurzen Streifen Universalindikatorpapier bzw. Lackmuspapier. Vergleiche die Beobachtungen mit denen aus Experiment 1.

Entsorgung: Lösungen in den Behälter für saure und alkalische Abfälle geben.

Exp. 3 Elektrische Leitfähigkeit von Fruchtsäuren

Prüfe feste Citronensäure (GHS05) und feste Ascorbinsäure auf ihre elektrische Leitfähigkeit. Löse anschließend in je zwei kleinen Bechergläsern einen Spatel Citronensäure und Ascorbinsäure in jeweils 10 ml Wasser und prüfe nacheinander die elektrische Leitfähigkeit beider Lösungen. Deute das Ergebnis.

Entsorgung: Lösungen in den Behälter für saure und alkalische Abfälle geben.

Exp. 4 Elektrische Leitfähigkeit saurer Lösungen

Fülle in drei kleine Bechergläser jeweils 5 ml verdünnte Salzsäure (GHS07), verdünnte Schwefelsäure (GHS07) und verdünnte Phosphorsäure (GHS07). Prüfe die elektrische Leitfähigkeit der Lösungen. Notiere deine Beobachtungen und deute das Ergebnis.

Entsorgung: Lösungen in den Behälter für saure und alkalische Abfälle geben.

Exp. 5 Reaktion von Chlorwasserstoff mit Wasser

Zusätzlich Schutzhandschuhe tragen!

Umwickle vorbereitend ein in einem Stopfen steckendes Thermometer am unteren Ende mit etwas Zellstoff und fixiere diesen mit etwas dünnem Kupferdraht. Feuchte den Zellstoff mit wenig Wasser an und gib anschließend einen Tropfen Unitestlösung darauf. Gib in ein Reagenzglas einen Spatel Natriumchlorid und vorsichtig fünf Tropfen konzentrierte Schwefelsäure (GHS05), ohne dass diese die Reagenzglaswandung berühren. Stecke das vorbereitete Thermometer locker auf das Reagenzglas.

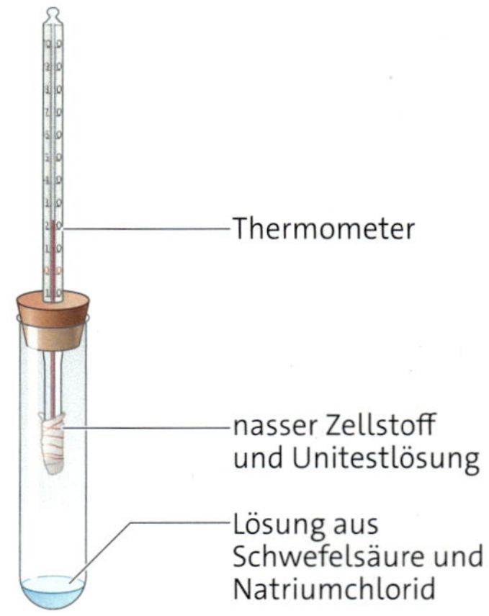

Beschreibe Stoff- und Energieumwandlung der am Zellstoff stattfindenden Reaktion.

Entsorgung: Lösungen in den Behälter für saure und alkalische Abfälle geben.

Exp. 6 Untersuchen von Lösungen mit Indikatorpapier

Tropfe in je eine Vertiefung einer Tüpfelplatte einige Tropfen verdünnte Kochsalzlösung, destilliertes Wasser und verdünnte Salzsäure (GHS07). Prüfe jede Lösung zuerst mit Lackmuspapier und danach mit Bromthymolblaulösung. Beschreibe und vergleiche deine Beobachtungen.

Entsorgung: Lösungen in das Abwasser geben.

Exp. 7 Verhalten von verdünnten Säurelösungen gegenüber Metallen

Fülle in drei Reagenzgläser je 3 ml verdünnte Salzsäure (GHS07). Gib in das erste Reagenzglas einen Magnesiumspan, in das zweite eine kleine Zinkgranalie und in das dritte einen Kupferspan. Wiederhole dieses Vorgehen mit verdünnter Schwefelsäure (GHS07), verdünnter Phosphorsäure (GHS07) und verdünnter Essigsäure (GHS07). Notiere deine Beobachtungen und deute das Ergebnis.

Entsorgung: Feststoffe einsammeln, Lösungen in den Behälter für saure und alkalische Abfälle geben.

Exp. 8 Reaktion von verdünnter Schwefelsäure mit Magnesium

Fülle die Pipette des Gasentwicklers (▸ Abb.) mit verdünnter Schwefelsäure (GHS07) und gib in das Reagenzglas mit seitlichem Ansatz einige Magnesiumspäne (GHS02). Fange das entstehende Gas pneumatisch auf. Prüfe es auf Brennbarkeit. Halte dabei die Reagenzglasöffnung nach unten. Notiere deine Beobachtungen.

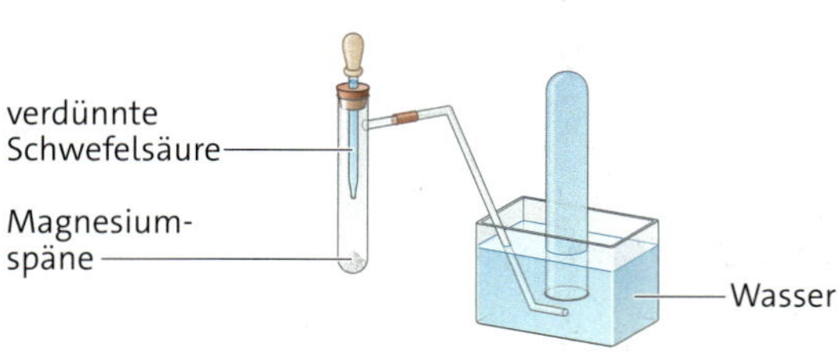

Entsorgung: Feststoffe einsammeln, Lösungen in den Behälter für saure und alkalische Abfälle geben.

Exp. 9 Reaktion von Schwefeldioxid mit Wasser

Unter dem Abzug arbeiten!

Fülle vorbereitend einen kleinen Erlenmeyerkolben ca. 1 cm hoch mit Wasser und drei Tropfen Unitestlösung. Gib auf einen Verbrennungslöffel mit Stopfen einen Spatel Schwefel (GHS07) und entzünde diesen in der Brennerflamme.

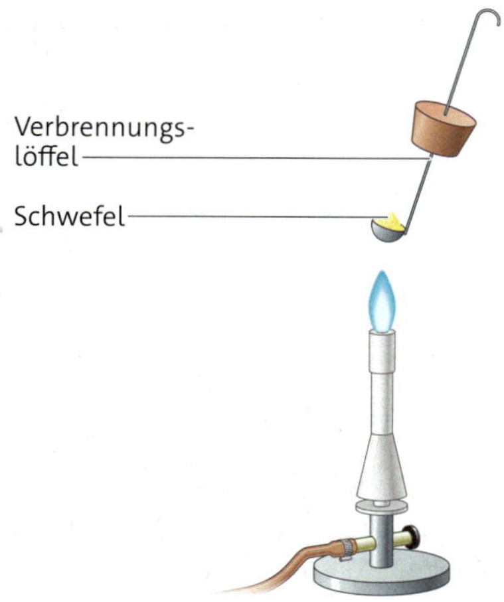

Setze den Verbrennungslöffel mit dem brennenden Schwefel zügig locker auf den Erlenmeyerkolben, ohne dass der Löffel in das Wasser eintaucht. Schwenke nun vorsichtig den Erlenmeyerkolben.

Beschreibe deine Beobachtungen. Formuliere die chemischen Gleichungen für alle stattgefundenen Reaktionen.

Entsorgung: Feststoffe einsammeln, Lösungen in den Behälter für saure und alkalische Abfälle geben.

Säuren und saure Lösungen

Wir schätzen viele Früchte gerade wegen ihres erfrischenden, leicht sauren Geschmacks. Zitrusfrüchte, Johannisbeeren, Sauerkirschen oder unreife Früchte enthalten Säuren. Auch in den Blättern und Stängeln vieler Pflanzen, z. B. im Sauerklee, Sauerampfer oder Rhabarber, kommen Säuren vor.

1 Angenehm sauer schmeckende Früchte

2 Citronensäure im Haushalt

3 Zu ca. 7 % besteht der Saft einer Zitrone aus Citronensäure.

Saure Lösungen im Alltag Essigsäurebakterien wandeln Wein leicht in Essig um. Schon im Altertum würzten die Menschen damit wegen des sauren Aromas ihre Speisen und verbesserten durch den Zusatz von etwas Essig den Geschmack und die Qualität des Trinkwassers. Heute dient Essig neben dem Konservieren oder Würzen verschiedener Lebensmittel auch dem Entfernen von Kalk in Kaffeemaschinen, Kochtöpfen oder von Kalkflecken an Gläsern.
Joghurt, Sauermilch, Kefir, Quark oder Sauerkraut enthalten ebenfalls saure Lösungen. Bei ihrer Herstellung wandeln bestimmte Bakterien andere Stoffe in Säuren um.
Beim genauen Betrachten von Lebensmittelverpackungen oder Haushaltschemikalien fällt oft das Wort „Säure" auf. Saure Lösungen werden dabei zur Konservierung oder als Hilfsstoffe genutzt. In Wasser gelöste Citronensäure wird zunehmend im Haushalt zur Kalkentfernung eingesetzt.

Säure	Vorkommen in Lebensmitteln
Essigsäure	Speiseessig, saure Gurken, Senf
Citronensäure	Zitrusfrüchte, Birnen, Sauerkirschen, Johannisbeeren
Milchsäure	Sauerkraut, Joghurt, Sauermilchprodukte
Weinsäure	Weintrauben, Zuckerrübe, Ananas
Äpfelsäure	Äpfel, Weintrauben
Sorbinsäure	Konservierungsstoff für Wurst, Käse und Backwaren

4 Beispiele für Vorkommen und Verwendung von Säuren in Lebensmitteln

Eigenschaften und Nachweis saurer Lösungen. Schon im Altertum wurde beobachtet, dass manche der zum Färben von Textilien verwendeten Farbstoffe in sauren Lösungen ihre Farbe ändern. Solche Farbstoffe können zum Nachweis saurer Lösungen benutzt werden und werden **Indikatoren** (lat. *indicare:* anzeigen) genannt.
Bei Zugabe von Lackmuslösung als Indikator zu einer sauren Lösung lässt sich ein Farbumschlag von Violett nach Rot beobachten (▸**5**). Universalindikator ist ein Farbstoffgemisch. Gelbe bis rote Farben zeigen hier saure Lösungen an (▸Exp. 1, S. 96). Der Indikator Bromthymolblau zeigt in saurer Lösung eine gelbe Farbe (▸Exp. 6, S. 97). Zur leichteren Handhabung gibt es auch Papierstreifen, die mit Indikatorlösung getränkt und getrocknet worden sind (▸**6**; ▸Exp. 2, S. 96).

5 Lackmus- und Universalindikator, Lösungen und Papierstreifen

Indikatoren sind Farbstoffe, die bei Zugabe zu einer sauren Lösung ihre Farbe ändern.

Eine Definition für Säuren Der saure Geschmack aller in Lebensmitteln vorhandenen Säuren hat dieser Stoffklasse ihren Namen gegeben. Viele Säuren sind ätzend oder gar giftig, sodass eine Geschmacksprobe gar nicht infrage kommt. Der schwedische Chemiker Svante Arrhenius hat im Jahre 1887 den Begriff Säure definiert, auf dessen Grundlage die gemeinsamen Eigenschaften von Säuren beschrieben werden können.

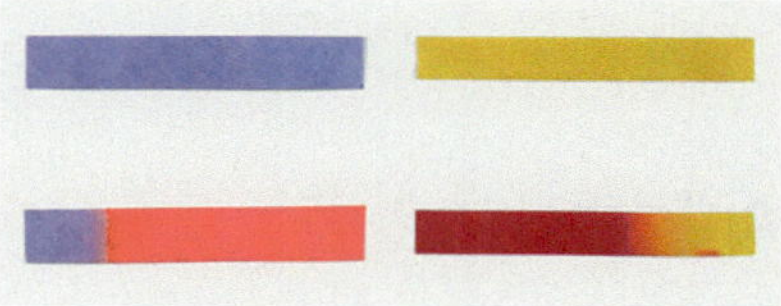

6 Lackmuspapier und Universalinidikatorpapier vor und nach dem Auftropfen einer sauren Lösung

Kennzeichen saurer Lösungen Prüft man Citronensäure und ihre Lösung auf elektrische Leitfähigkeit, so ist nur die wässrige Lösung elektrisch leitfähig (▸Exp. 3, S. 96). Dieses Verhalten ist schon von vielen Salzen und deren Lösungen bekannt. Im Unterschied zu den Salzen ist eine Schmelze der Citronensäure jedoch nicht elektrisch leitfähig (▸Exp. 10). Die Kristalle des Stoffes können also nicht wie Salzkristalle aus Ionen aufgebaut sein. Da jedoch die elektrische Leitfähigkeit eines Stoffes das Vorhandensein frei beweglicher Ladungsträger voraussetzt, müssen in der wässrigen Lösung Ionen als frei bewegliche Ladungsträger vorliegen. Säuren bestehen aus Molekülen, die in wässriger Lösung frei bewegliche Ionen bilden (▸Exp. 4, S. 96). Die Farbänderungen von Indikatoren in saurer Lösung werden durch positiv geladene Wasserstoff-Ionen (H^+) hervorgerufen, die beim Zerfall jedes Säuremoleküls in wässriger Lösung entstehen. Jede Säure muss also mindestens ein Wasserstoffatom in jedem ihrer Moleküle besitzen. Der bei dieser Dissoziation (▸S. 77) der Säuremoleküle entstehende „Rest" ist negativ geladen und wird allgemein als **Säurerest-Ion** bezeichnet. So dissoziiert z. B. ein Molekül Chlorwasserstoff (HCl; ▸S. 101) unter Bildung eines Wasserstoff-Ions und eines Chlorid-Ions.

$$\mathrm{HCl(aq)} \rightleftharpoons \mathrm{H^+(aq)} + \mathrm{Cl^-(aq)}$$

Säuremolekül ⇄ Wasserstoff-Ion(en) + Säurerest-Ion

Säuren sind Stoffe, die in wässriger Lösung Wasserstoff-Ionen bilden. Saure Lösungen enthalten Wasserstoff-Ionen.

Exp. 10 | L

Elektrische Leitfähigkeit geschmolzener Citronensäure

In einer Porzellanschale werden einige Spatel wasserfreier Citronensäure (GHS05|07) vorsichtig bis zum Schmelzen erhitzt und die elektrische Leitfähigkeit geprüft.

Aufgabe

1 Auch bei unserer Verdauung sind saure Lösungen beteiligt. Informiere dich, wo diese zu finden sind und welche Funktion sie haben.

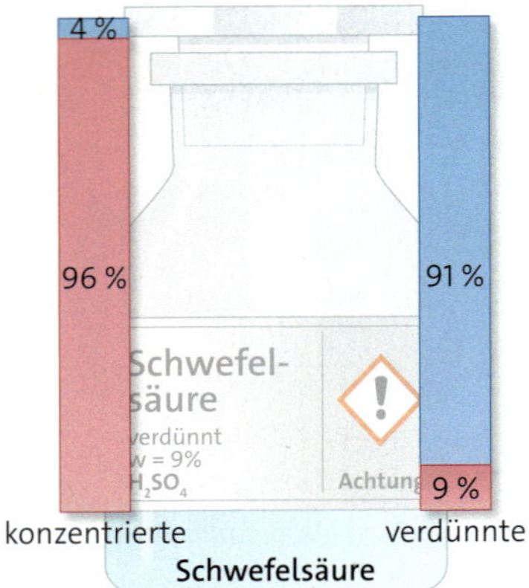

1 Massenanteile von Schwefelsäure (rot) und Wasser (blau) in konzentrierter und in verdünnter Schwefelsäure

Aufgaben

1 Prüfe die Beschriftung von Arzneimitteln auf die Bezeichnung „Säure". Nenne drei Beispiele.

2 Säuren dürfen niemals in Getränkeflaschen gefüllt und aufbewahrt werden. Begründe.

3 Feste Ascorbinsäure leitet im Gegensatz zu ihrer Lösung keinen elektrischen Strom. Begründe.

4 Gib die Massen von Schwefelsäure und Wasser in 100 g konzentrierter bzw. verdünnter Schwefelsäure entsprechend Bild ▸ **1** an.

5 Erläutere die chemische Reaktion von Kohlenstoffdioxid mit Wasser.

6 Definiere den Begriff „Säure" nach ARRHENIUS.

7 Bei welchen der folgenden Stoffe kann es sich nicht um eine Säure handeln? Begründe.
HBr, NaH, H_2S, NaBr

8 Begründe die Aussage, dass das Wasserstoff-Ion nichts anderes als ein Proton ist.

Reaktion von Nichtmetalloxiden mit Wasser Saure Lösungen entstehen auch bei der Reaktion vieler Nichtmetalloxide mit Wasser. Das giftige Gas Schwefeldioxid löst sich nicht nur in Wasser, sondern reagiert mit diesem unter Bildung einer sauren Lösung (▸ Exp. 9, S. 97; S. 104):

Schwefeldioxid + Wasser ⟶ Wasserstoff-Ionen + Sulfit-Ionen

$$SO_2\,(g) + H_2O\,(l) \longrightarrow 2\,H^+\,(aq) + SO_3^{2-}\,(aq)$$

Auch Schwefeltrioxid und einige als Luftschadstoffe wirkende Stickstoffoxide können mit Wasser zu sauren Lösungen reagieren und somit Mitverursacher des „sauren Regens" sein (▸ S. 104).

Der saure Charakter des Mineralwassers (▸ Exp. 1, S. 96) entsteht durch die Reaktion des gelösten Kohlenstoffdioxids mit Wasser.

Eine saure Lösung entsteht beim Lösen einer Säure in Wasser oder bei der Reaktion eines Nichtmetalloxids mit Wasser.

Säure oder saure Lösung? Säuren können flüssige Stoffe sein, z. B. Essigsäure, oder auch feste Stoffe, z. B. Citronensäure (▸ **3**, S. 98). In Ausnahmefällen kann eine Säure auch gasförmig sein, z. B. das Gas Chlorwasserstoff (▸ S. 101). In der Alltagssprache werden die Begriffe „Säure" und „saure Lösung" nicht immer klar getrennt: So spricht man bei einer verdünnten Schwefelsäurelösung vereinfacht von verdünnter Schwefelsäure, die Lösung von Chlorwasserstoff in Wasser wird als Chlorwasserstoffsäure bezeichnet (▸ S. 101).

Konzentration von Säurelösungen Eine bestimmte Stoffportion einer sauren Lösung kann verschiedene Massen der Säure enthalten. Ist viel Säure in der sauren Lösung gelöst, handelt es sich um eine **konzentrierte Säurelösung**, ist wenig Säure gelöst, um eine **verdünnte Säurelösung**, was mithilfe der Angabe des Massenanteils w gekennzeichnet wird (▸ S. 79). Die Angabe des Massenanteils w (Schwefelsäure) = 25 % bedeutet demnach, dass 100 g Säurelösung 25 g reine Schwefelsäure enthalten (▸ **1**).

Umgang mit Säuren und sauren Lösungen Warum muss man sich beim Umgang mit Säuren besonders schützen? Viele Säuren wirken stark ätzend und einige sind auch giftig. Damit beim Umgang mit diesen Stoffen die Gefahren möglichst gering gehalten werden, müssen die folgenden Hinweise unbedingt beachtet werden:
- Immer Schutzbrille tragen!
- Säuredämpfe nicht einatmen!
- Säurespritzer, die auf die Haut oder Kleidung gelangt sind, sofort mit viel Wasser abwaschen!
- Beim Verdünnen von Säuren oder Säurelösungen stets zuerst das Wasser und danach die Säure zugeben.
- Beim Verdünnen von Säuren kann eine starke Wärmeentwicklung eintreten. Dabei können Wasser und Säure aus dem Gefäß spritzen.
- Unfälle der Lehrerin oder dem Lehrer melden.

Chlorwasserstoffsäure

Eigenschaften und Verwendung von Chlorwasserstoff Chlorwasserstoff ist ein giftiges, farbloses, stechend riechendes, nicht brennbares Gas. In der Natur kommt Chlorwasserstoff in vulkanischen Gasen vor. Es entsteht auch bei der unkontrollierten Verbrennung von PVC-haltigen Kunststoffabfällen. Chlorwasserstoff löst sich sehr gut in Wasser (ca. 450 l in 1 l Wasser bei 20 °C; ▸ Exp. 11). Der Lösevorgang vollzieht sich unter starker Wärmeentwicklung. Chlorwasserstoff wirkt ätzend auf die Schleimhäute, die Atmungsorgane und auf feuchte Haut. Das Gas dient z. B. zur Herstellung von Salzsäure und von Kunststoffen.

Bau von Chlorwasserstoff Chlorwasserstoff ist eine Molekülsubstanz mit der chemischen Formel HCl. In jedem Chlorwasserstoffmolekül sind ein Wasserstoffatom und ein Chloratom durch ein gemeinsames Elektronenpaar miteinander verbunden.
Die Elektronegativitätswerte des Chlor- und des Wasserstoffatoms unterscheiden sich jedoch deutlich voneinander, sodass die Atombindung zwischen beiden Atomen stark polar ist (▸ S. 56). Das Chloratom mit seinem Elektronegativitätswert von 3,0 hat eine stärker anziehende Wirkung auf das gemeinsame Elektronenpaar als das Wasserstoffatom mit seinem Elektronegativitätswert von 2,1. Das Chlorwasserstoffmolekül ist ein Dipolmolekül (▸ **3**).

Bildung der sauren Lösung Die Polarität der chemischen Bindung zwischen dem Wasserstoffatom und dem Chloratom im Chlorwasserstoffmolekül ermöglicht die Entstehung einer sauren Lösung. Leitet man Chlorwasserstoff in Wasser ein, so wird die Bindung zwischen dem Wasserstoffatom und dem Chloratom gespalten, indem das gemeinsame Elektronenpaar am Element mit dem höheren Elektronegativitätswert, also dem Chloratom, verbleibt (▸ Exp. 5, S. 96). Die saure Lösung enthält somit positiv geladene Wasserstoff-Ionen und negativ geladene Chlorid-Ionen (▸ **4**).
Die entstandene saure Lösung wird **Chlorwasserstoffsäure** oder auch **Salzsäure** genannt. Die Formel HCl steht sowohl für das Gas Chlorwasserstoff als auch für die Chlorwasserstoffsäure.

Eigenschaften	farblose, stechend riechende Flüssigkeit, konzentrierte Salzsäure etwa 38%ig
Verwendung	zur Beseitigung von Kalkresten und zum Entkalken von Kesseln und Rohrleitungen, zum Gewinnen von Metallen aus Erzen, zum Aufbereiten von Tierhäuten und in der Herstellung von Chemiefasern eingesetzt
Vorkommen	im Magen von Wirbeltieren (beim Menschen ca. 0,5%ig) zur Förderung der Verdauung und zum Abtöten von Bakterien, die mit der Nahrung in den Körper gelangt sind

2 Eigenschaften und Bedeutung von Chlorwasserstoffsäure (Salzsäure)

Exp. 11 | L

Lösen von Chlorwasserstoff in Wasser

Vorsicht! Abzug! Ein mit Chlorwasserstoff (GHS05|06) gefüllter Rundkolben wird in eine mit Wasser gefüllte Kristallisierschale getaucht. Mit einer Pipette ist etwas Wasser einzuspritzen.

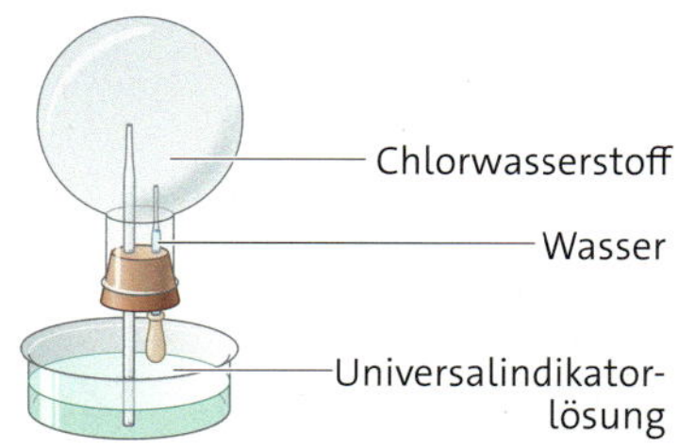

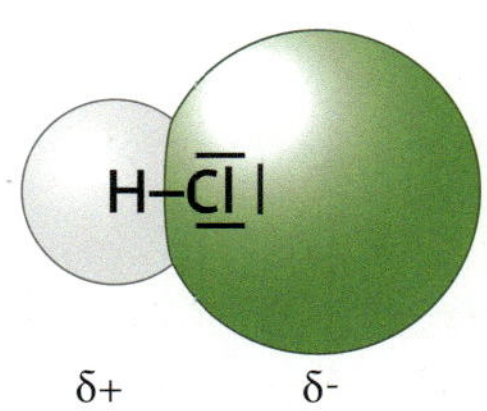

3 Molekülmodell von Chlorwasserstoff

H – $\overline{\underline{Cl}}$|	⇄	H^+	+ |$\overline{\underline{Cl}}$|$^-$
Säuremolekül (neutral)	⇄	Wasserstoff-Ion (positiv geladen)	+ Säurerest-Ion (negativ geladen)

4 Teilchenveränderung beim Lösen von Chlorwasserstoff in Wasser

Säuren im Überblick

Mit konzentrierter Salpetersäure ist ein einfacher Test möglich, um zu überprüfen, ob ein Schmuckstück aus Gold besteht. Der Juwelier zieht den Gegenstand kurz über einen „Probestein". Löst sich der dadurch entstehende Abrieb nach dem Auftropfen konzentrierter Salpetersäure wieder auf, so handelt es sich nicht um Gold.

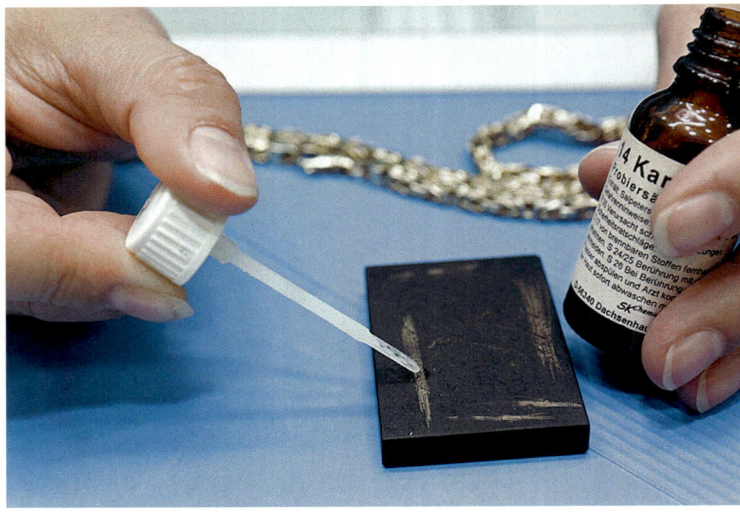

1 Prüfen eines Schmuckstücks auf Gold

Exp. 12 | L

Einwirkung von konzentrierter Schwefelsäure auf Zucker

Abzug! In einem hohen Becherglas wird etwas Zucker mit 96%iger Schwefelsäure (GHS05) versetzt.

Sauerstoffhaltige Säuren Die meisten Säuren enthalten neben dem Element Wasserstoff auch das Element Sauerstoff. Somit sind in den Molekülen dieser Säuren drei Elemente enthalten. Durch die Abspaltung von Wasserstoff-Ionen bei der Dissoziation entsteht als Säurerest-Ion ein zusammengesetztes Ion (▸ S. 52). Ihre Benennung erfolgt, indem vom verkürzten lateinischen Namen des Nichtmetalls ausgegangen und dieser mit einer Endung, z. B. „at" bzw. „it", versehen wird (▸ **6**).

Schwefelsäure Handelsübliche konzentrierte Schwefelsäure ist ca. 96- bis 98%ig. Sie wirkt stark anziehend auf Wasser. Der Umgebung wird beispielsweise Luftfeuchtigkeit entzogen. Dieses Verhalten wird als **hygroskopisch** bezeichnet. Das Bestreben der konzentrierten Schwefelsäure, Wasser an sich zu ziehen, ist so groß, dass sie in organischen Stoffen gebundenen Wasserstoff und Sauerstoff als Wasser entzieht (▸ Exp. 12). Beim Verdünnen erwärmt sich konzentrierte Schwefelsäure sehr stark.
Schwefelsäure gehört zu den technisch wichtigsten und damit meistproduzierten Chemikalien. Da ohne sie viele Produkte unseres Lebens nicht denkbar wären, wird sie auch als „Blut der Chemie" bezeichnet (▸ S. 108).

Schwefelsäure – Formel: H_2SO_4	
Eigenschaften der konz. Säure	farb- und geruchlose, ölige Flüssigkeit, größere Dichte als Wasser (1,83 g/ml), hygroskopisch, stark ätzend
Verwendung	als konzentrierte Säure zum Trocknen von Gasen, 37%ig als Batteriesäure in Fahrzeugen; zur Herstellung von Farbstoffen, Düngemitteln, Waschmitteln, Sprengstoffen und Chemiefasern

2 Eigenschaften und Verwendung von Schwefelsäure

Salpetersäure Der Name Salpeter geht auf Ausblühungen an Steinen (lat. *sal petrae:* Felsensalz) zurück, aus denen früher Salpetersäure hergestellt wurde. Ein Gemisch konzentrierter Salpetersäure mit Schwefelsäure wird als **Nitriersäure** bezeichnet und zur Sprengstoffherstellung genutzt.

Salpetersäure – Formel: HNO_3	
Eigenschaften der konz. Säure	farblose, stechend riechende Flüssigkeit, stark ätzend; reagiert mit vielen Metallen, außer Gold und Platin
Verwendung	als konzentrierte Säure zur Unterscheidung von Gold von anderen Metallen; zur Herstellung von Farbstoffen, Düngemitteln, Waschmitteln, Sprengstoffen, Kunststoffen und Kosmetikartikeln

3 Eigenschaften und Verwendung von Salpetersäure

NO_3^-	Stickstoff = **Nitrogenium**	Nitrat-Ion
NO_2^-		Nitrit-Ion
SO_4^{2-}	Schwefel = **Sulfur**	Sulfat-Ion
SO_3^{2-}		Sulfit-Ion
PO_4^{3-}	**Phosphor**	Phosphat-Ion
CO_3^{2-}	Kohlenstoff = **Carboneum**	Carbonat-Ion

6 Formeln und Namen einiger Säurerest-Ionen

Phosphorsäure In ihrer Funktion als Rostumwandler reagiert Phosphorsäure mit dem Rost zu einer schützenden Schicht, die lackiert werden kann. Phosphorsäure wirkt in verdünnter Form erfrischend und wird deswegen auch als Zusatzstoff in colahaltigen Erfrischungsgetränken verwendet. Als Lebensmittelzusatzstoff hat diese Säure die EU-Nummer E 338. Die aus Phosphorsäure hergestellten Düngemittel fördern bei den Pflanzen die Ausbildung von Blüten und Früchten.

Phosphorsäure – Formel: H_3PO_4	
Eigenschaften der konz. Säure	farb- und geruchlose, ölige Flüssigkeit, stark ätzend; nicht giftig
Verwendung	konzentrierte Säure als Rostumwandler, zur Herstellung von Düngemitteln und Waschmitteln; in verdünnter Form als Säuerungs- und Konservierungsmittel in der Lebensmittelindustrie

4 Eigenschaften und Verwendung von Phosphorsäure

7 Schwefeldioxid wird auf eine mit Indikatorlösung versetzte Wasseroberfläche geleitet.

Schweflige Säure Die schweflige Säure entsteht beim Einleiten von Schwefeldioxid in Wasser (▸Exp. 9, S. 97). Ihr Einsatz als Konservierungsstoff für Lebensmittel beruht auf der wachstumshemmenden Wirkung besonders gegenüber Bakterien und Hefepilzen, z. B. in Weinen, Fruchtsäften, Marmeladen und Kartoffelgerichten. Bei der Weinherstellung werden auch Fässer oder Korken mit schwefliger Säure und Schwefeldioxid konserviert.

Schweflige Säure – Formel: H_2SO_3	
Eigenschaften	farblose, stechend riechende Flüssigkeit
Verwendung	als Lebensmittelzusatzstoff E 220 zur Lebensmittelkonservierung

5 Eigenschaften und Verwendung von schwefliger Säure

Aufgaben

1 Erläutere den Vorgang der Dissoziation am Beispiel der Salpetersäure.

2 Gib die Namen und Formeln der zugehörigen Säuren für die in ▸Tabelle 6 genannten Säurerest-Ionen an.

3 Entwickle die chemischen Gleichungen für die Dissoziation der auf S. 102/103 vorgestellten Säuren.

Luftverschmutzung und saurer Regen

Saurer Regen Die enorme Belastung der Luft durch Schwefeldioxid, Kohlenstoffdioxid und Stickoxide blieb in den letzten vierzig Jahren auch in Deutschland nicht ohne Folgen. Die Schadstoffe lösen sich im Regenwasser und reagieren mit dem Wasser unter Bildung einer sauren Lösung. Als „saurer Regen“ gelangen sie auf Pflanzen, Boden und Gestein.

Exp. 1 Regenwasser auf dem Prüfstand

Plane Experimente zur Untersuchung von Regenwasser. Überlege, welche Eigenschaft du untersuchen möchtest und welche Geräte und Chemikalien benötigt werden. Nutze dabei auch Regenwasser von verschiedenen Orten. Fange Regenwasser zu unterschiedlichen Tageszeiten auf. Verwende als Vergleichsprobe destilliertes Wasser. Notiere deine Beobachtungen. Deute das Ergebnis.

Entsorgung: Flüssigkeiten ins Abwasser geben.

Info 1 Luftverschmutzung

Vor allem die Megastädte, z. B. in China oder Indien, leiden unter extremer Luftverschmutzung. Laut New York Times hat die Luftverschmutzung in China einen Verlust von 25 Millionen gesunden Lebensjahren in der Bevölkerung verursacht.

Für 2011 hat die Weltgesundheitsorganisation weltweit 1,3 Millionen Todesfälle durch Luftverschmutzung ausgemacht. Grenzüberschreitend sind Luftverschmutzungen auf Platz sieben der Gesundheitsrisikofaktoren.

1 Luftverschmutzung in China

2 Schadstufen erkennt man an der unterschiedlichen Kronenverlichtung: hier bei der Eiche.

Waldschäden in Deutschland Über den Zustand des deutschen Waldes gibt jährlich der Waldzustandsbericht der Bundesregierung Auskunft. Darin werden die Schäden der Bäume anhand des Zustands der Baumkronen klassifiziert.

Schadstoffstufe	Verlust/Schädigung der Blätter	2012 Sachsen
0	≤ 10 %	43 %
1	≤ 25 %	41 %
2	≤ 60 %	16 %
3	≤ 99 %	
4	100 %	

3 Waldzustandsbericht für Sachsen

Exp. 2 Wirkung von saurem Regen auf Kressesamen

Verteile jeweils etwa 40 Kressesamen auf Watte in sechs Petrischalen. Stelle diese Schalen nebeneinander auf, um gleiche Standortbedingungen herzustellen. Begieße eine Kressesaat mit Leitungswasser. Verwende zum Begießen der anderen Aussaaten eine 6%ige und eine 2%ige Lösung von schwefliger Säure. Protokolliere zwei Wochen lang, wann die Samen sprießen und wie groß die einzelnen Pflanzen sind. Leite aus den Ergebnissen Schlussfolgerungen über die Wirkung von saurem Regen auf Kressesamen ab.

Entsorgung: Reste in den Hausmüll geben.

Exp. 3 **Wirkung von saurem Regen auf kalkhaltige Stoffe**

Prüfe die Oberfläche verschiedener kalkhaltiger Stoffproben, z. B. Marmor, Mauerputz, Sandstein oder Eierschalen, und betrachte sie danach mit einer Lupe genauer. Gib anschließend auf die Proben einige Tropfen einer sauren Lösung. Spüle nach einigen Minuten die Proben mit Wasser ab. Untersuche sie erneut. Notiere deine Beobachtungen.
Entsorgung: Stoffproben einsammeln.

5 Folgen des sauren Regens: Schäden an Kunstwerken

Ursachen der Luftverschmutzung Hohe Emissionen an Kohlenstoffdioxid und Schwefeldioxid sind die Hauptursache für Smog und sauren Regen. Vergleichsweise geringe Mengen an Stickstoffoxiden werden durch Zersetzungsprozesse im Boden und an Schwefeldioxiden durch Vulkanausbrüche freigesetzt. Hauptverursacher ist der Menschen durch das Verbrennen fossiler Brennstoffe in Kraftwerken, in Haushalten und im Verkehr.

Info 2 **Besonderheiten in China**

In China basiert mehr als die Hälfte der Energieerzeugung auf Kohle mit hohem Schadstoffgehalt. Flugasche und Abgase werden oft schlecht oder gar nicht gereinigt. Zu den natürlichen Ursachen gehört, dass sich die oberflächennahe, besonders schwefelhaltige Kohle im trockenen Klima bei Kontakt mit Luftsauerstoff selbst entzünden kann. Zahlreiche Kohlevorkommen in Nordostchina brennen unkontrolliert. Viele Brände glühen seit Jahrzehnten vor sich hin und verschmutzen die Luft extrem. Wertvolle Energie von geschätzten 13 Millionen Tonnen geht direkt verloren, weitere 100 Millionen Tonnen werden unbrauchbar.

4 Brennende Kohlenfelder in China

Maßnahmen zur Luftverbesserung Rauchgasentschwefelung, Aufforstung, Kalken der Böden, Autokatalysatoren, Einsatz regenerierbarer Energiequellen sowie Maßnahmen zur Energieeinsparung sind geeignete Schritte, um die Emissionen zu vermindern.

Info 3 **Maßnahmenpaket in China**

In China läuft das weltweit größte Aufforstungsprogramm. Seit 1990 ist die Waldfläche in China dadurch großflächig um ein Drittel gewachsen. Ein ganzes Maßnahmenpaket der Regierung hat die Situation verbessert. Jedoch führt das enorme Wirtschaftswachstum des Landes zu einem Zuwachs an Energieverbrauch und Verkehrsleistungen. Die weitere Verbesserung der Luftreinhaltung bleibt eine schwierige Aufgabe.

6 Aufforstung in China

Aufgabe

1 Recherchiere, welche Maßnahmen in Deutschland gegen Luftverschmutzung bereits getroffen wurden und wie jeder Einzelne dazu beitragen kann, dass die Belastung der Luft zurückgeht.

Reaktionen von Metallen mit Säuren

Die Dresdner Rüstkammer zeigt in ihren Sammlungen zahlreiche prunkvoll verzierte Rüstungen, Harnische oder Waffen. Zur Herstellung dieser Verzierungen nutzten die Künstler auch ein chemisches Verfahren: das Ätzen von Metallteilen im Säurebad.

1 Rüstkammer im Dresdner Residenzschloss

2 Unterschiedliche Reaktion von Metallen mit verdünnter Salzsäure

3 Das unerwünschte Rosten von Eisen wird durch Säuren (z. B. im sauren Regen) noch beschleunigt.

Metalle und verdünnte Säuren Bei der Reaktion von Zink mit Salzsäure löst sich das Metall unter Gasentwicklung auf (▸ Exp. 7, S. 97). Die Reaktion von Magnesium mit Schwefelsäure erfolgt sogar noch heftiger. Die Untersuchung des Gases zeigt, dass dieses brennbar ist (▸ Exp. 8, S. 97). Da unabhängig von der verwendeten Säure stets dasselbe Gas entsteht, müssen an der chemischen Reaktion Teilchen beteiligt sein, die in allen sauren Lösungen vorliegen. Diese Teilchen sind die Wasserstoff-Ionen (▸ Exp. 7, S. 97). Das brennbare Gas ist Wasserstoff. Beim Eindampfen der übrigen Lösung bleibt ein Salz als Rückstand zurück.
Aber nicht alle Metalle reagieren mit verdünnten Säuren – Kupfer z. B. wird von ihnen nicht angegriffen (▸ **2**; ▸ Exp. 7, S. 97). Alle Metalle, die keine chemische Reaktion mit verdünnten Säuren eingehen, werden als **edle Metalle** bezeichnet, z. B. Silber, Quecksilber, Platin und Gold.

Unedle Metalle reagieren mit verdünnten Säurelösungen unter Bildung einer Salzlösung und Wasserstoff.

Unedle Metalle und verdünnte Säuren Zink reagiert mit Salzsäure, dabei entstehen Wasserstoff und eine Zinkchloridlösung. Bei dieser Reaktion geben Zinkatome Elektronen ab, es entstehen durch Oxidation Zink-Ionen. Die Wasserstoff-Ionen nehmen diese Elektronen auf und bilden durch Reduktion Wasserstoffatome, die sich zu Molekülen vereinigen. Es findet also eine Redoxreaktion statt.

Oxidation:	Zn	$\longrightarrow$	$Zn^{2+} + 2\,e^-$
Reduktion:	$2\,H^+ + 2\,e^-$	$\longrightarrow$	H_2
Redoxreaktion:	$Zn + 2\,H^+$	$\longrightarrow$	$Zn^{2+} + H_2$

Elektronenübergang

Analog verläuft die Redoxreaktion von Magnesium mit Schwefelsäure (▸ Exp. 8, S. 97). Die Magnesiumatome geben Elektronen ab, die von Wasserstoff-Ionen aufgenommen werden. Die Säurerest-Ionen sind an der Reaktion nicht beteiligt (▸ **4**, **5**).

Bei der chemischen Reaktion einer Säurelösung mit einem unedlen Metall findet ein Elektronenübergang vom Metall auf die Säure statt (Redoxreaktion).

Wortgleichung	Magnesium	+ Schwefelsäure	⟶ Magnesiumsulfat		+ Wasserstoff
Summengleichung	Mg (s)	$+ H_2SO_4$ (aq)	$\longrightarrow MgSO_4$ (s)		$+ H_2$ (g)
Ionengleichung	Mg	$+ 2\,H^+ + SO_4^{2-}$	$\longrightarrow Mg^{2+} + SO_4^{2-}$		$+ H_2$
verkürzte Ionengleichung	Mg	$+ 2\,H^+$	$\longrightarrow Mg^{2+}$		$+ H_2$

4 Mögliche Gleichungen für die chemische Reaktion von Magnesium mit verdünnter Schwefelsäure

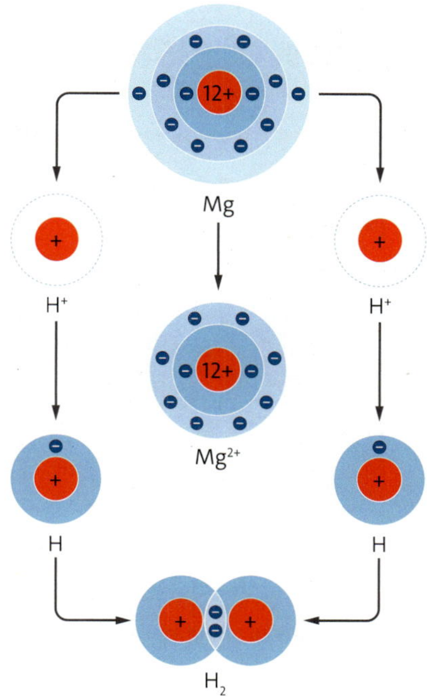

5 Teilchenveränderung bei der Reaktion von Magnesium mit einer verdünnten Säure

Unedle und edle Metalle Zu einer Wasserstoffentwicklung kommt es immer dann, wenn ein unedles Metall mit einer verdünnten Säurelösung reagiert. Aber auch einige edle Metalle, die mit verdünnten Säuren nicht reagieren, können von Säuren angegriffen werden. Gibt man ein Stück Kupfer zu konzentrierter Salpetersäure, so findet mit zunehmender Heftigkeit eine chemische Reaktion statt, bei der anstelle des Wasserstoffs ein braunes, teils wasserlösliches Gas entsteht. Dabei handelt es sich um das giftige Gas Stickstoffdioxid (▸ Exp. 13). Da das Element Stickstoff vor der Reaktion nur im Nitrat-Ion vorkam, müssen an dieser Reaktion auch die Säurerest-Ionen beteiligt sein. Außer Gold und Platin löst konzentrierte Salpetersäure alle anderen Edelmetalle auf (▸ S. 106). Um Gold, das man auch als „König unter den Metallen" bezeichnet, zu lösen, nutzt man ein Gemisch aus 75 % konzentrierter Salzsäure und 25 % konzentrierter Salpetersäure, das „Königswasser".

Reaktion saurer Lösungen mit Metallen im Alltag Auch Säuren in Lebensmitteln können bei unsachgemäßer Zubereitung oder Lagerung Metalle angreifen. So darf Sauerkraut nicht in einem Aluminiumtopf gekocht werden, da sonst die im Sauerkraut enthaltene Oxalsäure das Aluminium oxidiert. Dadurch wird der Geschmack verändert. Zudem ist die Aufnahme von Metall-Ionen für unsere Gesundheit bedenklich. Weißblechdosen, die eingemachtes Obst enthalten, dürfen nicht offen stehen gelassen werden, da die Obstsäuren das Blech angreifen. Auch hier können Metall-Ionen entstehen.
Saurer Regen greift ebenfalls alle unedlen Metalle an, die keinen oder einen beschädigten Korrosionsschutz haben (▸ **3**).

Exp. 13 | L

Reaktion von Metallen mit konzentrierter Salpeteräure

Unter dem Abzug arbeiten!
In ein Reagenzglas wird zu einigen Millilitern konzentrierter Salpetersäure (GHS05) ein Magnesiumspan (GHS02) gegeben. Das Experiment wird mit einem Kupferspan wiederholt.

Aufgaben

1 Recherchiere das Vorgehen beim Ätzen von Metallen im Säurebad. Beschreibe die ablaufenden chemischen Reaktionen.

2 Formuliere entsprechend Bild ▸ **4** die Reaktionsgleichungen für alle im ▸ Exp. 7 (▸ S. 97) stattgefundenen chemischen Reaktionen.

Chemie erlebt

Schwefelsäure – das „Blut der Chemie“

1 Schwefelsäure ist ein Hilfsmittel bei der Herstellung von Farbstoffen.

2 Schwefelsäure ist ein Grundstoff in der Waschmittelindustrie.

Schwefelsäure – eine wichtige Grundchemikalie Die Bezeichnung „Blut der Chemie“ stammt aus der Zeit der gewaltigen Entwicklung der chemischen Industrie im 19. Jahrhundert. Die Schwefelsäureproduktion nimmt in der Wirtschaft eines Landes eine Schlüsselstellung ein.

Mit 200 Millionen Tonnen Jahresproduktion weltweit ist Schwefelsäure seit über einem Jahrhundert der Spitzenreiter bei den anorganischen Produkten der chemischen Industrie.

Außerordentlich viele Erzeugnisse werden unter Verwendung von Schwefelsäure hergestellt. Im Alltag begegnet sie uns daher nur indirekt. Nicht immer ist Schwefelsäure bei der eigentlichen Produktherstellung als Reaktionspartner beteiligt. Oft wird sie auch zum Reinigen, Beizen von Stoffen oder zum Trocknen von Gasen verwendet. Aber auch als Reaktionspartner ist Schwefelsäure im Einsatz.

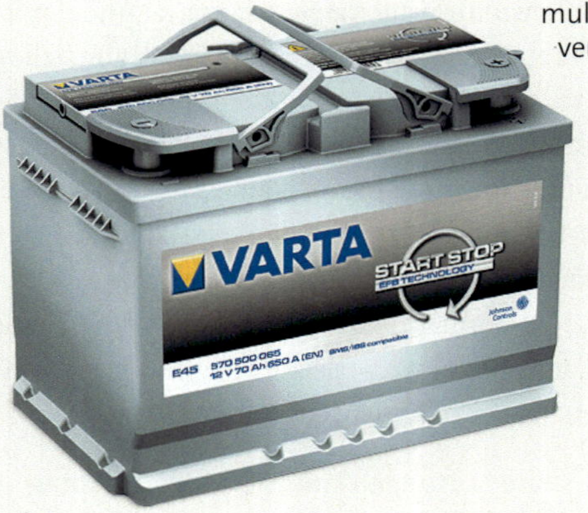

3 Schwefelsäure wird in Bleiakkumulatoren verwendet.

4 Schwefelsäure ist Ausgangsstoff bei der Herstellung von Düngemitteln.

Info 1

1844 – Historischer Text von Justus von Liebig zur Schwefelsäure

„Man wird nach dem Vorhergehenden die Behauptung nicht für übertrieben halten, dass die chemische Industrie eines Landes mit großer Genauigkeit nach der Anzahl von Pfunden Schwefelsäure beurteilt werden kann, die man in diesem Lande verbraucht …“

Exp. 1 **Verdünnung von 20%iger Schwefelsäure**

Gib in ein 500 ml großes Becherglas 100 ml Wasser und miss die Ausgangstemperatur. Aus einer Bürette wird langsam und unter ständigem Rühren 20%ige Schwefelsäure (GHS05) zugetropft. Bestimme mit einem Thermometer alle 15 s die Temperatur der Lösung. Fertige eine Tabelle an und erstelle daraus eine grafische Darstellung zur Temperaturänderung beim Verdünnen.
Entsorgung: Die Lösungen werden weiterverwendet.

Exp. 2 **Wirkung von verschieden konzentrierter Schwefelsäure auf Zinkblech**

Gib in drei Reagenzgläser je ein etwa gleich großes Stück Zinkblech. Füge in das erste Reagenzglas 10 ml 20%ige Schwefelsäure (GHS05) hinzu, beobachte die Heftigkeit der Reaktion und miss die Zeit, die für den Ablauf der Reaktion benötigt wird. Wiederhole das Experiment mit Reagenzglas zwei und drei. Füge in das zweite Reagenzglas 10 ml 10%ige Schwefelsäure (GHS07) und in das dritte 10 ml 5%ige Schwefelsäure (GHS07). Vergleiche deine Beobachtungen.
Entsorgung: Lösungen in das Abwasser geben.

Eigenschaften von konzentrierter Schwefelsäure Konzentrierte Schwefelsäure ist eine stark ätzende, ölige Säure. Sie ist in jedem Verhältnis mit Wasser mischbar. Dabei kommt es zu einer großen Wärmeentwicklung, bei der Säure verspritzt werden kann. Deshalb muss konzentrierte Schwefelsäure vorsichtig und langsam verdünnt werden (erst das Wasser, dann die Säure). Außerdem wirkt sie hygroskopisch und entzieht vielen organischen Stoffen Wasser. Übrig bleibt Kohlenstoff. Die Säure wirkt verkohlend.

Lagerung, Transport und Umgang mit Schwefelsäure Konzentrierte Schwefelsäure (GHS05) gehört zu den Gefahrstoffen. Beim Arbeiten ist deshalb größte Vorsicht geboten, Entsorgungshinweise müssen genau beachtet werden. Die Lagerung muss getrennt von brennbaren Stoffen und von Stoffen, die leicht gebundenen Sauerstoff abgeben, erfolgen, weil es sonst beim Auslaufen von Schwefelsäure zu heftigen Reaktionen kommen kann. Außerdem dürfen keine Nahrungs- und Futtermittel in der Nähe gelagert werden. Beim Transport muss eine bruchsichere Verpackung gewährleistet sein.
Die Sicherheitsbestimmungen sind einzuhalten.

Bei einer leichten Hautverätzung mit konzentrierter Schwefelsäure wird diese zunächst möglichst gut abgewischt. Erst danach dürfen die Reste mit Wasser abgespült und die Haut wie bei einer Verbrennung behandelt werden. Bei größeren Verätzungen muss sofort ein Arzt konsultiert werden.

Info 2 **Schwefelsäure – ein Gefahrstoff**

Im Juli 2004 ist der Schwefelsäuretanker Ena 2 im Hamburger Hafen gesunken. Über 500 t konzentrierte Schwefelsäure sind bei dem Unglück ausgelaufen und ins Hafenbecken gelangt. Aufgrund der höheren Dichte als Wasser ist die Schwefelsäure auf den Grund gesunken und hat dort alles Leben vernichtet. Die Bergung des Unglückstankers war schwierig, da durch eine chemische Reaktion Wasserstoff entstanden ist.

Aufgaben

1 Recherchiere im Internet, für welche Produkte Schwefelsäure benötigt wird. Fertige hierzu eine Übersicht an.

2 Erkläre, warum beim Tankerunglück im Hamburger Hafen Explosionsgefahr bestanden hat.

3 Interpretiere die Reaktion von Schwefelsäure mit Zinkblech aus ▸ Experiment 2.

4 Trage alle genannten Eigenschaften von konzentrierter Schwefelsäure in einer Tabelle zusammen und leite zu jeder Eigenschaft eine wichtige Regel zum sachgerechten Umgang ab.

Wie ist der Weg vom Schwefel bis zur Schwefelsäure? Schwefel ist ein Ausgangsstoff zur Herstellung von Schwefelsäure. Er kommt in der Natur elementar und gebunden vor, z. B. in Erzen. Häufig auftretende Schwefelverbindungen sind Metallsulfide, z. B. Eisenkies (FeS_2), Kupferkies ($CuFeS_2$) und Bleiglanz (PbS). Der in der Natur vorkommende Schwefel wird aus den unterirdischen Lagerstätten gefördert.

1 Schwefel wird in Blöcke zerteilt und verladen.

2 Kupferkies

Info 3

Schwefelabbau

Der 2400 m hoch gelegene Vulkan Kawah Ijen auf der Insel Java (Indonesien) birgt in seinem Innern riesige Mengen an elementarem Schwefel. Aus dem Kratersee steigen ätzende schwefelsäurehaltige Dämpfe auf. Am Ufer des Sees werden Rohre in das Gestein getrieben, durch die der Schwefel flüssig und begleitet von Dampfwolken heraustritt. Abgekühlt wird er von Arbeitern in Blöcke zerteilt und in Körbe verladen. Die 70 bis 90 kg schweren Körbe müssen mehrere Kilometer zur Sammelstelle getragen werden, wo die Arbeiter umgerechnet etwa fünf Euro Lohn pro Korb erhalten.

Bildung von Schwefeldioxid Schwefel verbrennt in Sauerstoff mit charakteristischer blauer Flamme zu Schwefeldioxid (SO_2). In der großtechnischen Schwefelsäureherstellung vollzieht sich dieser erste Reaktionsschritt in riesigen Verbrennungsöfen. In ihnen wird Schwefel mit dem Sauerstoff der Luft oxidiert. Das dabei entstehende Schwefeldioxid ist ein farbloses, stechend riechendes Gas, das die Schleimhäute reizt und bakterientötend wirkt.

Reaktion zu Schwefeltrioxid Der nächste Schritt auf dem Weg zur Schwefelsäure ist die Oxidation von Schwefeldioxid zu Schwefeltrioxid. Dabei reagiert Schwefeldioxid mit Sauerstoff unter Verwendung eines Katalysators zu Schwefeltrioxid. Die Reaktion wird bei etwa 400 bis 450 °C durchgeführt und mit einem Überschuss an Luft als Sauerstofflieferant. Die maximale Ausbeute wird durch den Einsatz des Katalysators bei einer Reaktionstemperatur von 420 °C erzielt.

$$2\,SO_2\,(g) + O_2\,(g) \longrightarrow 2\,SO_3\,(g) \mid \text{exotherm}$$

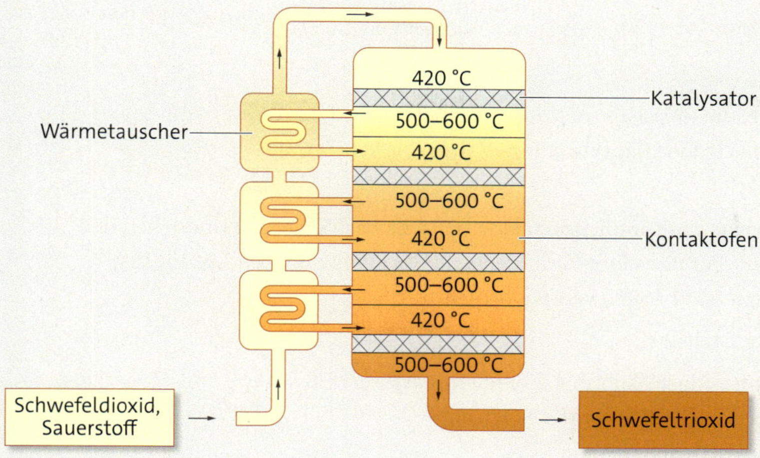

3 Kontaktofen mit Wärmeaustausch (Schema)

Das technisch bedeutendste Verfahren zur Herstellung von Schwefeltrioxid ist das **Kontaktverfahren**. Ein Gemisch aus Luft und Schwefeldioxid wird in einen sogenannten Kontaktofen geleitet. Die Ausgangsstoffe werden über einen festen Katalysator, auch Kontakt genannt, geleitet, der aus Vanadiumdioxid (V_2O_5) besteht. Dabei wird Schwefeldioxid zu Schwefeltrioxid oxidiert. Da die Reaktion stark exotherm verläuft, muss das Gas nach jedem Durchlaufen einer Katalysatorschicht in Wärmetauschern auf 420 °C gekühlt werden. Da nicht alles Schwefeldioxid zu Schwefeltrioxid umgesetzt wird, kann es in einem weiteren Kontaktofen zur Reaktion gebracht werden.

Entstehen von Schwefelsäure Im letzten Verfahrensschritt wird Schwefeltrioxid in Absorptionstürmen zu Schwefelsäure umgesetzt. Hierzu wird Schwefeltrioxid in konzentrierte Schwefelsäure eingeleitet. Es reagiert mit Schwefelsäure vollständig zu Dischwefelsäure ($H_2S_2O_7$). Bei Zugabe von Wasser reagiert Dischwefelsäure zu Schwefelsäure (H_2SO_4).

$$SO_3\,(g) + H_2SO_4\,(aq) \longrightarrow H_2S_2O_7\,(aq)$$

$$H_2S_2O_7\,(aq) + H_2O\,(l) \longrightarrow 2\,H_2SO_4\,(aq)$$

4 Kontaktofen

Info 4 **Vorsicht Schwefeltrioxid!**

Schwefeltrioxid ist unterhalb 17 °C ein weißer, fester Stoff, der in asbestartigen Nadeln kristallisiert. An der Luft bildet er dichte weiße Nebel. Aufgrund seiner stark hygroskopischen Wirkung gehört flüssiges Schwefeltrioxid zu den gefährlichsten Arbeitsstoffen. Jeder Transport von Schwefeltrioxid benötigt in Deutschland eine Sondergenehmigung.

Aufgaben

1 Entwickle die Reaktionsgleichung für das Verbrennen von Schwefel.

2 Interpretiere die Reaktionsgleichung zur Entstehung von Schwefeltrioxid.

3 Erläutere das Schema des Kontaktofens.

4 Kennzeichne die Aufgabe, die der Katalysator beim Kontaktverfahren hat.

5 Recherchiere, wo in Deutschland wie viel Schwefelsäure produziert wird. Fertige dazu eine Übersicht an.

Säuren

Säuren

Säuren sind Stoffe, die in Wasser in positiv elektrisch geladene **Wasserstoff-Ionen** und negativ elektrisch geladene **Säurerest-Ionen** dissoziieren (zerfallen).

Saure Lösungen

Saure Lösungen zeigen mit Indikatoren eine typische Farbänderung und leiten den elektrischen Strom. Für das saure Verhalten sind die in allen sauren Lösungen vorhandenen Wasserstoff-Ionen verantwortlich.

Saure Lösungen entstehen …

- bei der Reaktion einiger Nichtmetalloxide mit Wasser, z. B.:
  $SO_2\,(g) + H_2O\,(l) \longrightarrow 2\,H^+\,(aq) + SO_3^{2-}\,(aq)$
- beim Lösen von Säuren in Wasser, z. B.:
  $HNO_3\,(aq) \rightleftharpoons H^+\,(aq) + NO_3^-\,(aq)$

Indikatoren

Indikatoren sind Farbstoffe, die z. B. in sauren Lösungen eine typische Farbänderung zeigen.

Indikator	Farbe im Wasser	Farbe in sauren Lösungen
Lackmus	Violett	Rot
Rotkohlfarbstoff	Violett	Rot
Universalindikator	Gelbgrün	Gelb – Orange – Rot
Bromthymolblau	Grün	Gelb

Chemische Bindung in Säuremolekülen

Zwischen dem Wasserstoffatom und dem Nichtmetallatom in einem Säuremolekül existiert eine polare Atombindung, bei der das gemeinsame Elektronenpaar stärker vom Nichtmetallatom angezogen wird. Die Spaltung dieser chemischen Bindung führt zur Dissoziation der Säuremoleküle in wässriger Lösung.

Dissoziationsgleichung

$$\text{Säuremolekül} \rightleftharpoons \text{Wasserstoff-Ionen} + \text{Säurerest-Ion}$$
$$H_2SO_4\,(aq) \rightleftharpoons 2\,H^+\,(aq) + SO_4^{2-}\,(aq)$$

Reaktion von Metallen mit Säuren

Unedle Metalle reagieren mit verdünnten Säurelösungen zu Wasserstoff und einer Salzlösung. Es findet eine Redoxreaktion statt. Das Metall wird oxidiert, gibt also Elektronen ab. Die Wasserstoff-Ionen der Säure werden reduziert, die Säure nimmt somit Elektronen auf. Bei der Reaktion findet ein Elektronenübergang zwischen den reagierenden Teilchen statt.

Oxidation (Elektronenabgabe): $Fe \longrightarrow Fe^{2+} + 2\,e^-$

Reduktion (Elektronenaufnahme): $2\,H^+ + 2\,e^- \longrightarrow H_2$

Redoxreaktion (Elektronenübergang): $Fe + 2\,H^+ \longrightarrow Fe^{2+} + H_2$

Edle Metalle werden nur von konzentrierten Säuren angegriffen.

Saurer Regen

Saurer Regen ist ein Gemisch verschiedener saurer Lösungen, das sich mit dem Regenwasser vor allem aus Schwefeldioxid und Kohlenstoffdioxid bildet.

Aufgaben

1 Sind die folgenden Aussagen richtig? Stelle falsche Aussagen richtig.
- **a** Nach der Theorie von ARRHENIUS bilden Säuremoleküle in wässriger Lösung stets Wasserstoff-Ionen.
- **b** Aus der Formel HCl kann man nicht ableiten, ob es sich um Chlorwasserstoff (Gas) oder um Chlorwasserstoffsäure (Lösung) handelt.
- **c** Bei der Dissoziation von Schwefelsäure entstehen Sulfit-Ionen.
- **d** Bei der Dissoziation von Salpetersäure ist die Anzahl entstehender Kationen und Anionen gleich.
- **e** Wasserstoff kann durch die Reaktion von Silber mit verdünnter Salzsäure hergestellt werden.
- **f** Magnesiumnitrat entsteht bei der Reaktion von Magnesium mit verdünnter Schwefelsäure.

2 Entwickle für die folgenden Säuren die Dissoziationsgleichung:
- **a** salpetrige Säure (HNO_2)
- **b** Chlorsäure ($HClO_3$)
- **c** Cyanwasserstoffsäure = Blausäure (HCN)
- **d** phosphorige Säure (H_3PO_3)
- **e** Kieselsäure (H_4SiO_4)

3 Bromwasserstoff löst sich ebenso wie Chlorwasserstoff in Wasser unter Bildung einer sauren Lösung.
- **a** Beschreibe den Aufbau des Bromwasserstoffmoleküls anhand der Lewis-Formel. Begründe das Vorliegen eines Dipols.
- **b** Formuliere für die Dissoziation von Bromwasserstoff die Reaktionsgleichung.

4 Begründe die Namensgebung „Salzsäure" als Trivialnamen für die Chlorwasserstoffsäure.

5 Beweise die Teilchenveränderung als Merkmal einer chemischen Reaktion am Beispiel des Lösens von Chlorwasserstoff in Wasser.

6 Stelle anhand eines selbst gewählten Beispiels die Bedeutung von Säuren für die chemische Industrie dar.

7 Berechne die Masse an Schwefelsäure in 250 g 37%iger Schwefelsäure, die als „Batteriesäure" in Bleiakkumulatoren verwendet wird.

8 Vergleiche die Dissoziation von Chlorwasserstoffsäure mit der des Natriumchlorids.

9
- **a** Nenne alle Produkte, die entstehen können, wenn dir folgende Stoffe zur Verfügung stehen und jeweils zwei von ihnen miteinander reagieren sollen:
  Aluminium, Salpetersäure (verdünnt), Schwefelsäure (verdünnt), Silber, Zink.
- **b** Formuliere die Dissoziationsgleichung für zwei der unter Aufgabenteil a entstehenden Salze.

10 Beschreibe bei den folgenden Reaktionen eines unedlen Metalls mit einer verdünnten Säure den stattfindenden Elektronenübergang:
- **a** $Zn + 2\,H^+ + 2\,NO_3^- \longrightarrow Zn^{2+} + 2\,NO_3^- + H_2$
- **b** $Ca + 2\,H^+ + SO_3^{2-} \longrightarrow CaSO_3 + H_2$

11 Formuliere für die Bildung der folgenden Salze aus einem unedlen Metall und einer verdünnten Säure die chemischen Gleichungen (Wort-, Summen- und Ionengleichung):
- **a** Kaliumnitrat
- **b** Zinksulfat
- **c** Blei(II)-chlorid
- **d** Calciumphosphat

Beweise, dass es sich um Redoxreaktionen handelt.

12 Vergleiche die Reaktion von Eisen mit Sauerstoff mit der von Eisen mit Salzsäure.

Hilfe zu den Aufgaben findest du auf den Seiten ...

1a	99	5	101
1b	101	6	102, 103
1c	102	7	79, 100
1d	103	8	77, 101
1e	106, 107	9	106, 107
1f	106, 107	10	106, 107
2	99, 102, 103	11	106, 107
3	101	12	91, 106, 107
4	101		

Material A: Phosphatieren

Um Eisenwerkstücke vor dem Rosten zu schützen, kann eine recht einfache Methode des Korrosionsschutzes genutzt werden: das Phosphatieren. Wichtigster Vorgang dabei ist die Reaktion der Eisenoberfläche mit Phosphorsäure.

3 bis 6 Minuten müssen die Metallgegenstände in das Phosphatierbad getaucht werden.

A1 Korrosionsschutz

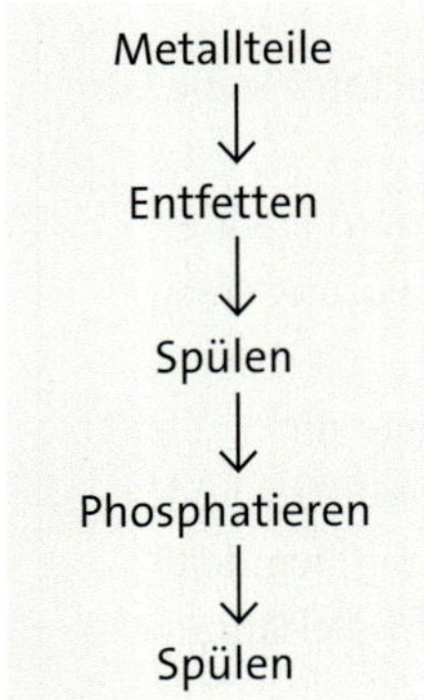

A2 Phosphatieren

Die entstehende Phosphatschicht haftet gut auf der Unterlage und zeigt zeitweise einen wirksamen Schutz vor Korrosion. Neben den entstehenden Eisenphosphaten bildet auch Zinkphosphat eine gute Schutzschicht. Die einzelnen Schritte sind in dem Fließschema dargestellt.

1 Beschreibe anhand des Fließschemas (▸ **A2**) die Vorgänge des Phosphatierens. Begründe die Notwendigkeit des Entfettens und Spülens.

2 Erläutere die chemische Reaktion des Eisens mit der Phosphorsäure unter Bildung von Eisen(III)-phosphat (▸ **A1, A2**).

3 Erkläre den Elektronenübergang bei dieser chemischen Reaktion.

4 Formuliere eine Hypothese zur Wasserlöslichkeit von Eisenphosphat.

Material B: Der Salpeterkrieg

1879 entbrannte zwischen Peru und Bolivien auf der einen Seite und Chile auf der anderen Seite ein Krieg um die Salpetervorkommen in der kaum bewohnten Atacamawüste. Als Salpeter bezeichnet man Kaliumnitrat und Natriumnitrat. Besonders die Industrieländer Europas waren Ende des 19. Jahrhunderts an diesem Rohstoff interessiert, um an Stickstoffdünger für die Nahrungsmittelproduktion, aber auch an Rohstoffe zur Sprengstoffherstellung zu gelangen.

1884 mussten Peru und Bolivien als Kriegsverlierer weite Gebiete an Chile abtreten. In der Folge bauten vor allem britische und deutsche Firmen den Salpeter ab.

B1 Salpeterkrieg

Als 1913 die deutschen Wissenschaftler FRITZ HABER, CARL BOSCH und WILHELM OSTWALD eine Möglichkeit fanden, Salpetersäure aus Luftstickstoff großtechnisch herzustellen, verlor der Salpeterabbau schnell an Bedeutung. Aus Stickstoff wurden zunächst Ammoniak (NH_3) und Stickstoffdioxid gewonnen. Das Oxid reagiert mit Wasser und Sauerstoff unter Bildung von Salpetersäure.

B2 Herstellung von Salpetersäure

1 Formuliere Summen- und Ionengleichungen zur Herstellung der beiden im Salpeter enthaltenen Salze aus Salpetersäure (▸ **B1**).

2 Entwickle die chemische Gleichung für die Bildung von Salpetersäure aus Stickstoffdioxid (▸ **B2**).

3 Salpeter ist wie alle Nitrate leicht wasserlöslich. Trotzdem gibt es in diesem Gebiet die riesigen oberirdischen Vorkommen. Begründe.

Material C: Der Säurebegriff in der Geschichte

Schon weit vor ARRHENIUS haben sich Wissenschaftler mit der Frage befasst: „Was ist eine Säure?", und entsprechend der damaligen Zeit zu ganz unterschiedlichen Definitionen gefunden.

„Säuren sind Stoffe, die sauer schmecken und bestimmte Farbstoffe rot färben."

C1 ROBERT BOYLE (1627–1691), britischer Naturforscher

„Alle Säuren enthalten Sauerstoff und entstehen bei der Reaktion von Nichtmetalloxiden mit Wasser."

C2 ANTOINE LAURENT DE LAVOISIER (1743–1794), französischer Chemiker

„Säuren sind Wasserstoffverbindungen, die sich durch Metalle in Salze überführen lassen."

C3 JUSTUS VON LIEBIG (1803–1873), deutscher Chemiker

1 Bewerte die Richtigkeit dieser Aussagen aus heutiger Sicht (► **C1**, **C2**, **C3**).

2 Formuliere passend zu den Aussagen von LAVOISIER (► **C2**) und LIEBIG (► **C3**) je eine chemische Gleichung.

3 Erläutere, ob die folgenden Säuren (nach ARRHENIUS) auch nach der Theorie von a) LAVOISIER und b) LIEBIG als Säuren zu bezeichnen sind:
Salpetersäure, Salzsäure, Schwefelsäure.

4 Gib die Namen und Formeln der Stoffe an, die man entsprechend der Theorie von LIEBIG benötigt, um Phosphorsäure herzustellen. Formuliere eine Reaktionsgleichung.

Material D: Flusssäure

Die Flusssäure (Fluorwasserstoffsäure) ist eine stark ätzende und giftige Säure. Sie ist in der Lage, Glas zu zersetzen. Deshalb kann man Flusssäure – im Gegensatz zu den meisten chemischen Substanzen – nicht in Glasflaschen aufbewahren. Zur Gewinnung der Flusssäure werden große Mengen Calciumfluorid (Flussspat) benötigt.

Geätztes Glas

D1 Lexikoneintrag

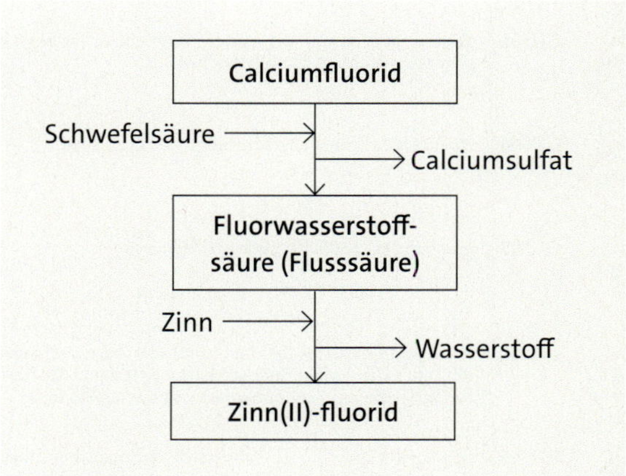

D2 Gewinnung von Flusssäure und Zinn(II)-fluorid, das zur Kariesprophylaxe in Zahnpasta verwendet wird

1 Erstelle einen Steckbrief von Flusssäure (► **D1**).

2 Erkläre das angegebene Fließschema (► **D1**, **D2**) und gib die Formeln aller beteiligten Stoffe an.

3 Formuliere für die in der Übersicht (► **D2**) dargestellten Reaktionen die chemischen Gleichungen.

4 Entwickle die Lewis-Formel und die Dissoziationsgleichung der Flusssäure (► **D2**).

5 Beweise, dass es sich bei der Bildung von Zinn(II)-fluorid aus der Flusssäure um eine Redoxreaktion handelt (► **D2**).

Einstufung von Gefahrstoffen nach der GHS-Verordnung

Mit dem neuen GHS (*Globally Harmonised System of Classification and Labelling of Chemicals*) werden die Kriterien für die Einstufung der Gefahrstoffe neu festgelegt und mit international einheitlichen Piktogrammen versehen. Neu ist auch die Verwendung der Signalwörter **Gefahr** und **Achtung** für das Ausmaß der Gefahr: „Gefahr" bei hoher Gefährdung oder „Achtung" bei geringerer Gefährdung. Das GHS gilt seit 2009; für die bisherige Verordnung gelten Übergangsfristen.

Gefahren-piktogramm und Piktogrammcode	Mit dem Gefahrenpiktogramm gekennzeichnete Stoffe und Gemische	Signalwort	Kennzeichnung nach bisheriger Gefahrstoffverordnung	
			Gefahrensymbol	Gefahrenhinweise
 GHS01	explosive und sehr gefährliche selbstzersetzliche Stoffe und Gemische sowie sehr gefährliche organische Peroxide	Gefahr oder Achtung		R2, R3
 GHS02	entzündbare, selbsterhitzungsfähige und gefährliche selbstzersetzliche Stoffe und Gemische, pyrophore Stoffe sowie Stoffe und Gemische, die bei Berührung mit Wasser entzündbare Gase entwickeln	Gefahr oder Achtung	 oder  oder –	R12, R11 oder R10; R17; R15
 GHS02	gefährliche organische Peroxide	Gefahr oder Achtung		R7
 GHS03	Stoffe und Gemische mit oxidierender Wirkung	Gefahr oder Achtung		R8, R9
 GHS04*	Gase unter Druck	Achtung	–	
 GHS05	Stoffe und Gemische, die korrosiv auf Metalle wirken	Achtung	–	
 GHS05	Stoffe und Gemische, die schwere Verätzungen der Haut und/oder schwere Augenschäden verursachen	Gefahr	 oder 	R34, R35; R41
 GHS06	lebensgefährliche und giftige Stoffe und Gemische	Gefahr	 oder 	R26, R27, R28 oder R23, R24, R25
 GHS07	gesundheitsschädliche Stoffe und Gemische	Achtung		R20, R21, R22
 GHS07	Stoffe und Gemische, die Haut- und/oder Augenreizungen verursachen und/oder allergische Hautreaktionen, Reizungen der Atemwege und/oder Schläfrigkeit und Benommenheit verursachen können	Achtung		R36, R37, R38; R43; R67
 GHS08	Stoffe und Gemische, die bei Verschlucken und Eindringen in die Atemwege tödlich sein können und/oder eine Gefahr für die Gesundheit darstellen. Diese Stoffe und Gemische schädigen bestimmte Organe und/oder können Krebs erzeugen, die Fruchtbarkeit beeinträchtigen, das Kind im Mutterleib schädigen und/oder genetische Defekte und/oder beim Einatmen Allergien, asthmaartige Symptome oder Atembeschwerden verursachen.	Gefahr oder Achtung	  oder 	R45, R49, R40; R60, R62; R61, R63; R46; R39/…; R68/…; R48/…; R42; R33; R65
 GHS09	Stoffe und Gemische, die sehr giftig oder giftig für Wasserorganismen sind	Achtung oder –		R50, R50/53 R51/53

* Die in den Experimenten verwendeten Gase stehen meist nicht unter Druck, daher wird dort in der Regel auf diese Kennzeichnung verzichtet. In der Gefahrstoffliste sind alle Gase auch mit GHS04 gekennzeichnet.

Gefahrenhinweise (H-Sätze)

Gefahrenhinweise für physikalische Gefahren

H200 Instabil, explosiv.
H201 Explosiv, Gefahr der Massenexplosion.
H202 Explosiv; große Gefahr durch Splitter, Spreng- und Wurfstücke.
H203 Explosiv; Gefahr durch Feuer, Luftdruck oder Splitter, Spreng- und Wurfstücke.
H204 Gefahr durch Feuer oder Splitter, Spreng- und Wurfstücke.
H205 Gefahr der Massenexplosion bei Feuer.
H220 Extrem entzündbares Gas.
H221 Entzündbares Gas.
H222 Extrem entzündbares Aerosol.
H223 Entzündbares Aerosol.
H224 Flüssigkeit und Dampf extrem entzündbar.
H225 Flüssigkeit und Dampf leicht entzündbar.
H226 Flüssigkeit und Dampf entzündbar.
H228 Entzündbarer Feststoff.
H240 Erwärmung kann Explosion verursachen.
H241 Erwärmung kann Brand oder Explosion verursachen.
H242 Erwärmung kann Brand verursachen.
H250 Entzündet sich in Berührung mit Luft von selbst.
H251 Selbsterhitzungsfähig; kann in Brand geraten.
H252 In großen Mengen selbsterhitzungsfähig; kann in Brand geraten.
H260 In Berührung mit Wasser entstehen entzündbare Gase, die sich spontan entzünden können.
H261 In Berührung mit Wasser entstehen entzündbare Gase.
H270 Kann Brand verursachen oder verstärken; Oxidationsmittel.
H271 Kann Brand oder Explosion verursachen; starkes Oxidationsmittel.
H272 Kann Brand verstärken; Oxidationsmittel.
H280 Enthält Gas unter Druck; kann bei Erwärmung explodieren.
H281 Enthält tiefkaltes Gas; kann Kälteverbrennungen oder -verletzungen verursachen.
H290 Kann gegenüber Metallen korrosiv sein.

Gefahrenhinweise für Gesundheitsgefahren

H300 Lebensgefahr bei Verschlucken.
H301 Giftig bei Verschlucken.
H302 Gesundheitsschädlich bei Verschlucken.
H304 Kann bei Verschlucken und Eindringen in die Atemwege tödlich sein.
H310 Lebensgefahr bei Hautkontakt.
H311 Giftig bei Hautkontakt.
H312 Gesundheitsschädlich bei Hautkontakt.
H314 Verursacht schwere Verätzungen der Haut und schwere Augenschäden.
H315 Verursacht Hautreizungen.
H317 Kann allergische Hautreaktionen verursachen.
H318 Verursacht schwere Augenschäden.
H319 Verursacht schwere Augenreizung.
H330 Lebensgefahr bei Einatmen.
H331 Giftig bei Einatmen.
H332 Gesundheitsschädlich bei Einatmen.
H334 Kann bei Einatmen Allergie, asthmaartige Symptome oder Atembeschwerden verursachen.
H335 Kann die Atemwege reizen.
H336 Kann Schläfrigkeit und Benommenheit verursachen.
H340 Kann genetische Defekte verursachen *<Expositionsweg angeben, sofern schlüssig belegt ist, dass diese Gefahr bei keinem anderen Expositionsweg besteht>*.
H341 Kann vermutlich genetische Defekte verursachen *<Expositionsweg angeben, sofern schlüssig belegt ist, dass diese Gefahr bei keinem anderen Expositionsweg besteht>*.
H350 Kann Krebs erzeugen *<Expositionsweg angeben, sofern schlüssig belegt ist, dass diese Gefahr bei keinem anderen Expositionsweg besteht>*.
H350i Kann bei Einatmen Krebs erzeugen.
H351 Kann vermutlich Krebs erzeugen *<Expositionsweg angeben, sofern schlüssig belegt ist, dass diese Gefahr bei keinem anderen Expositionsweg besteht>*.
H360 Kann die Fruchtbarkeit beeinträchtigen oder das Kind im Mutterleib schädigen *<konkrete Wirkung angeben, sofern bekannt> <Expositionsweg angeben, sofern schlüssig belegt ist, dass die Gefahr bei keinem anderen Expositionsweg besteht>*.
H360F Kann die Fruchtbarkeit beeinträchtigen.
H360D Kann das Kind im Mutterleib schädigen.
H360FD Kann die Fruchtbarkeit beeinträchtigen. Kann das Kind im Mutterleib schädigen.
H360Fd Kann die Fruchtbarkeit beeinträchtigen. Kann vermutlich das Kind im Mutterleib schädigen.
H360Df Kann das Kind im Mutterleib schädigen. Kann vermutlich die Fruchtbarkeit beeinträchtigen.
H361 Kann vermutlich die Fruchtbarkeit beeinträchtigen oder das Kind im Mutterleib schädigen *<konkrete Wirkung angeben, sofern bekannt> <Expositionsweg angeben, sofern schlüssig belegt ist, dass die Gefahr bei keinem anderen Expositionsweg besteht>*.
H361f Kann vermutlich die Fruchtbarkeit beeinträchtigen.
H361d Kann vermutlich das Kind im Mutterleib schädigen.
H361fd Kann vermutlich die Fruchtbarkeit beeinträchtigen. Kann vermutlich das Kind im Mutterleib schädigen.
H362 Kann Säuglinge über die Muttermilch schädigen.
H370 Schädigt die Organe *<oder alle betroffenen Organe nennen, sofern bekannt> <Expositionsweg angeben, sofern schlüssig belegt ist, dass diese Gefahr bei keinem anderen Expositionsweg besteht>*.
H371 Kann die Organe schädigen *<oder alle betroffenen Organe nennen, sofern bekannt> <Expositionsweg angeben, sofern schlüssig belegt ist, dass diese Gefahr bei keinem anderen Expositionsweg besteht>*.
H372 Schädigt die Organe *<alle betroffenen Organe nennen>* bei längerer oder wiederholter Exposition *<Expositionsweg angeben, wenn schlüssig belegt ist, dass diese Gefahr bei keinem anderen Expositionsweg besteht>*.
H373 Kann die Organe schädigen *<alle betroffenen Organe nennen, sofern bekannt>* bei längerer oder wiederholter Exposition *<Expositionsweg angeben, wenn schlüssig belegt ist, dass diese Gefahr bei keinem anderen Expositionsweg besteht>*.

Gefahrenhinweise für Umweltgefahren

H400 Sehr giftig für Wasserorganismen.
H410 Sehr giftig für Wasserorganismen, mit langfristiger Wirkung.
H411 Giftig für Wasserorganismen, mit langfristiger Wirkung.
H412 Schädlich für Wasserorganismen, mit langfristiger Wirkung.
H413 Kann für Wasserorganismen schädlich sein, mit langfristiger Wirkung.

Ergänzende Gefahrenmerkmale

Physikalische Eigenschaften

EUH001 In trockenem Zustand explosionsgefährlich.
EUH006 Mit und ohne Luft explosionsfähig.
EUH014 Reagiert heftig mit Wasser.
EUH018 Kann bei Verwendung explosionsfähige/entzündbare Dampf/Luft-Gemische bilden.
EUH019 Kann explosionsfähige Peroxide bilden.
EUH044 Explosionsgefahr bei Erhitzen unter Einschluss.

Gesundheitsgefährliche Eigenschaften

EUH029 Entwickelt bei Berührung mit Wasser giftige Gase.
EUH031 Entwickelt bei Berührung mit Säure giftige Gase.
EUH032 Entwickelt bei Berührung mit Säure sehr giftige Gase.
EUH066 Wiederholter Kontakt kann zu spröder oder rissiger Haut führen.
EUH070 Giftig bei Berührung mit den Augen.
EUH071 Wirkt ätzend auf die Atemwege.

Umweltgefährliche Eigenschaften

EUH059 Die Ozonschicht schädigend.

Ergänzende Kennzeichnungselemente / Informationen über bestimmte Stoffe und Gemische

EUH201 Enthält Blei. Nicht für den Anstrich von Gegenständen verwenden, die von Kindern gekaut oder gelutscht werden könnten.
EUH201A Achtung! Enthält Blei.
EUH202 Cyanacrylat. Gefahr. Klebt innerhalb von Sekunden Haut und Augenlider zusammen. Darf nicht in die Hände von Kindern gelangen.
EUH203 Enthält Chrom(VI). Kann allergische Reaktionen hervorrufen.
EUH204 Enthält Isocyanate. Kann allergische Reaktionen hervorrufen.
EUH205 Enthält epoxidhaltige Verbindungen. Kann allergische Reaktionen hervorrufen.
EUH206 Achtung! Nicht zusammen mit anderen Produkten verwenden, da gefährliche Gase (Chlor) freigesetzt werden können.
EUH207 Achtung! Enthält Cadmium. Bei der Verwendung entstehen gefährliche Dämpfe. Hinweise des Herstellers beachten. Sicherheitsanweisungen einhalten.
EUH208 Enthält *<Name des sensibilisierenden Stoffes>*. Kann allergische Reaktionen hervorrufen.
EUH209 Kann bei Verwendung leicht entzündbar werden.
EUH209A Kann bei Verwendung entzündbar werden.
EUH210 Sicherheitsdatenblatt auf Anfrage erhältlich.
EUH401 Zur Vermeidung von Risiken für Mensch und Umwelt die Gebrauchsanleitung einhalten.

Sicherheitshinweise (P-Sätze)

Sicherheitshinweise – Allgemeines

P101	Ist ärztlicher Rat erforderlich, Verpackung oder Kennzeichnungsetikett bereithalten.
P102	Darf nicht in die Hände von Kindern gelangen.
P103	Vor Gebrauch Kennzeichnungsetikett lesen.

Sicherheitshinweise – Prävention

P201	Vor Gebrauch besondere Anweisungen einholen.
P202	Vor Gebrauch alle Sicherheitshinweise lesen und verstehen.
P210	Von Hitze/Funken/offener Flamme/heißen Oberflächen fernhalten. Nicht rauchen.
P211	Nicht gegen offene Flamme oder andere Zündquelle sprühen.
P220	Von Kleidung/…/brennbaren Materialien fernhalten/entfernt aufbewahren.
P221	Mischen mit brennbaren Stoffen/… unbedingt verhindern.
P222	Kontakt mit Luft nicht zulassen.
P223	Kontakt mit Wasser wegen heftiger Reaktion und möglichem Aufflammen unbedingt verhindern.
P230	Feucht halten mit …
P231	Unter inertem Gas handhaben.
P232	Vor Feuchtigkeit schützen.
P233	Behälter dicht verschlossen halten.
P234	Nur im Originalbehälter aufbewahren.
P235	Kühl halten.
P240	Behälter und zu befüllende Anlage erden.
P241	Explosionsgeschützte elektrische Betriebsmittel/Lüftungsanlagen/Beleuchtung/… verwenden.
P242	Nur funkenfreies Werkzeug verwenden.
P243	Maßnahmen gegen elektrostatische Aufladungen treffen.
P244	Druckminderer frei von Fett und Öl halten.
P250	Nicht schleifen/stoßen/…/reiben.
P251	Behälter steht unter Druck: Nicht durchstechen oder verbrennen, auch nicht nach der Verwendung.
P260	Staub/Rauch/Gas/Nebel/Dampf/Aerosol nicht einatmen.
P261	Einatmen von Staub/Rauch/Gas/Nebel/Dampf/Aerosol vermeiden.
P262	Nicht in die Augen, auf die Haut oder auf die Kleidung gelangen lassen.
P263	Kontakt während der Schwangerschaft und der Stillzeit vermeiden.
P264	Nach Gebrauch … gründlich waschen.
P270	Bei Gebrauch nicht essen, trinken oder rauchen.
P271	Nur im Freien oder in gut belüfteten Räumen verwenden.
P272	Kontaminierte Arbeitskleidung nicht außerhalb des Arbeitsplatzes tragen.
P273	Freisetzung in die Umwelt vermeiden.
P280	Schutzhandschuhe/Schutzkleidung/Augenschutz/Gesichtsschutz tragen.
P281	Vorgeschriebene persönliche Schutzausrüstung verwenden.
P282	Schutzhandschuhe/Gesichtsschild/Augenschutz mit Kälteisolierung tragen.
P283	Schwerentflammbare/flammhemmende Kleidung tragen.
P284	Atemschutz tragen.
P285	Bei unzureichender Belüftung Atemschutz tragen.
P231 + P232	Unter inertem Gas handhaben. Vor Feuchtigkeit schützen.
P235 + P410	Kühl halten. Vor Sonnenbestrahlung schützen.

Sicherheitshinweise – Reaktion

P301	BEI VERSCHLUCKEN:
P302	BEI BERÜHRUNG MIT DER HAUT:
P303	BEI BERÜHRUNG MIT DER HAUT (oder dem Haar):
P304	BEI EINATMEN:
P305	BEI KONTAKT MIT DEN AUGEN:
P306	BEI KONTAMINIERTER KLEIDUNG:
P307	BEI EXPOSITION:
P308	BEI EXPOSITION ODER FALLS BETROFFEN:
P309	BEI EXPOSITION ODER UNWOHLSEIN:
P310	Sofort GIFTINFORMATIONSZENTRUM oder Arzt anrufen.
P311	GIFTINFORMATIONSZENTRUM oder Arzt anrufen.
P312	Bei Unwohlsein GIFTINFORMATIONSZENTRUM oder Arzt anrufen.
P313	Ärztlichen Rat einholen/ärztliche Hilfe hinzuziehen.
P314	Bei Unwohlsein ärztlichen Rat einholen/ärztliche Hilfe hinzuziehen.
P315	Sofort ärztlichen Rat einholen/ärztliche Hilfe hinzuziehen.
P320	Besondere Behandlung dringend erforderlich (siehe … auf diesem Kennzeichnungsetikett).
P321	Besondere Behandlung (siehe … auf diesem Kennzeichnungsetikett).
P322	Gezielte Maßnahmen (siehe … auf diesem Kennzeichnungsetikett).
P330	Mund ausspülen.
P331	KEIN Erbrechen herbeiführen.
P332	Bei Hautreizung:
P333	Bei Hautreizung oder -ausschlag:
P334	In kaltes Wasser tauchen/nassen Verband anlegen.
P335	Lose Partikel von der Haut abbürsten.
P336	Vereiste Bereiche mit lauwarmem Wasser auftauen. Betroffenen Bereich nicht reiben.
P337	Bei anhaltender Augenreizung:
P338	Eventuell Vorhandene Kontaktlinsen nach Möglichkeit entfernen. Weiter ausspülen.
P340	Die betroffene Person an die frische Luft bringen und in einer Position ruhig stellen, die das Atmen erleichtert.
P341	Bei Atembeschwerden an die frische Luft bringen und in einer Position ruhig stellen, die das Atmen erleichtert.
P342	Bei Symptomen der Atemwege:
P350	Behutsam mit viel Wasser und Seife waschen.
P351	Einige Minuten lang behutsam mit Wasser ausspülen.
P352	Mit viel Wasser und Seife waschen.
P353	Haut mit Wasser abwaschen/duschen.
P360	Kontaminierte Kleidung und Haut sofort mit viel Wasser abwaschen und danach Kleidung ausziehen.
P361	Alle kontaminierten Kleidungsstücke sofort ausziehen.
P362	Kontaminierte Kleidung ausziehen und vor erneutem Tragen waschen.
P363	Kontaminierte Kleidung vor erneutem Tragen waschen.
P370	Bei Brand:
P371	Bei Großbrand und großen Mengen:
P372	Explosionsgefahr bei Brand.
P373	KEINE Brandbekämpfung, wenn das Feuer explosive Stoffe/Gemische/Erzeugnisse erreicht.
P374	Brandbekämpfung mit üblichen Vorsichtsmaßnahmen aus angemessener Entfernung.
P375	Wegen Explosionsgefahr Brand aus der Entfernung bekämpfen.
P376	Undichtigkeit beseitigen, wenn gefahrlos möglich.
P377	Brand von ausströmendem Gas: Nicht löschen, bis Undichtigkeit gefahrlos beseitigt werden kann.
P378	… zum Löschen verwenden.
P380	Umgebung räumen.
P381	Alle Zündquellen entfernen, wenn gefahrlos möglich.
P390	Verschüttete Mengen aufnehmen, um Materialschäden zu vermeiden.
P391	Verschüttete Mengen aufnehmen.
P301 + P310	BEI VERSCHLUCKEN: Sofort GIFTINFORMATIONSZENTRUM oder Arzt anrufen.
P301 + P312	BEI VERSCHLUCKEN: Bei Unwohlsein GIFTINFORMATIONSZENTRUM oder Arzt anrufen.
P301 + P330 + P331	BEI VERSCHLUCKEN: Mund ausspülen. KEIN Erbrechen herbeiführen.
P302 + P334	BEI KONTAKT MIT DER HAUT: In kaltes Wasser tauchen/nassen Verband anlegen.
P302 + P350	BEI KONTAKT MIT DER HAUT: Behutsam mit viel Wasser und Seife waschen.
P302 + P352	BEI KONTAKT MIT DER HAUT: Mit viel Wasser und Seife waschen.
P303 + P361 + P353	BEI KONTAKT MIT DER HAUT (oder dem Haar): Alle kontaminierten Kleidungsstücke sofort ausziehen. Haut mit Wasser abwaschen/duschen.
P304 + P340	BEI EINATMEN: An die frische Luft bringen und in einer Position ruhig stellen, die das Atmen erleichtert.
P304 + P341	BEI EINATMEN: Bei Atembeschwerden an die frische Luft bringen und in einer Position ruhig stellen, die das Atmen erleichtert.
P305 + P351 + P338	BEI KONTAKT MIT DEN AUGEN: Einige Minuten lang behutsam mit Wasser spülen. Vorhandene Kontaktlinsen nach Möglichkeit entfernen. Weiter spülen.
P306 + P360	BEI KONTAKT MIT DER KLEIDUNG: Kontaminierte Kleidung und Haut sofort mit viel Wasser abwaschen und danach Kleidung ausziehen.
P307 + P311	BEI EXPOSITION: GIFTINFORMATIONSZENTRUM oder Arzt anrufen.
P308 + P313	BEI EXPOSITION ODER FALLS BETROFFEN: Ärztlichen Rat einholen/ärztliche Hilfe hinzuziehen.
P309 + P311	BEI EXPOSITION ODER UNWOHLSEIN: GIFTINFORMATIONSZENTRUM oder Arzt anrufen.
P332 + P313	Bei Hautreizung: Ärztlichen Rat einholen/ärztliche Hilfe hinzuziehen.
P333 + P313	Bei Hautreizung oder -ausschlag: Ärztlichen Rat einholen/ärztliche Hilfe hinzuziehen.
P335 + P334	Lose Partikel von der Haut abbürsten. In kaltes Wasser tauchen/nassen Verband anlegen.

P337 + P313	Bei anhaltender Augenreizung: Ärztlichen Rat einholen/ärztliche Hilfe hinzuziehen.
P342 + P311	Bei Symptomen der Atemwege: GIFTINFORMATIONSZENTRUM oder Arzt anrufen.
P370 + P376	Bei Brand: Undichtigkeit beseitigen, wenn gefahrlos möglich.
P370 + P378	Bei Brand: … zum Löschen verwenden.
P370 + P380	Bei Brand: Umgebung räumen.
P370 + P380 + P375	Bei Brand: Umgebung räumen. Wegen Explosionsgefahr Brand aus der Entfernung bekämpfen.
P371 + P380 + P375	Bei Großbrand und großen Mengen: Umgebung räumen. Wegen Explosionsgefahr Brand aus der Entfernung bekämpfen.

Sicherheitshinweise – Aufbewahrung

P401	… aufbewahren.
P402	An einem trockenen Ort aufbewahren.
P403	An einem gut belüfteten Ort aufbewahren.
P404	In einem geschlossenen Behälter aufbewahren.
P405	Unter Verschluss aufbewahren.
P406	In korrosionsbeständigem/… Behälter mit korrosionsbeständiger Auskleidung aufbewahren.
P407	Luftspalt zwischen Stapeln/Paletten lassen.
P410	Vor Sonnenbestrahlung schützen.
P411	Bei Temperaturen von nicht mehr als … °C aufbewahren.
P412	Nicht Temperaturen von mehr als 50 °C aussetzen.
P413	Schüttgut in Mengen von mehr als … kg bei Temperaturen von nicht mehr als … °C aufbewahren.
P420	Von anderen Materialien entfernt aufbewahren.
P422	Inhalt in/unter … aufbewahren.
P402 + P404	In einem geschlossenen Behälter an einem trockenen Ort aufbewahren.
P403 + P233	Behälter dicht verschlossen an einem gut belüfteten Ort aufbewahren.
P403 + P235	Kühl an einem gut belüfteten Ort aufbewahren.
P410 + P403	Vor Sonnenbestrahlung geschützt an einem gut belüfteten Ort aufbewahren.
P410 + P412	Vor Sonnenbestrahlung schützen und nicht Temperaturen von mehr als 50 °C aussetzen.
P411 + P235	Kühl und bei Temperaturen von nicht mehr als … °C aufbewahren.

Sicherheitshinweise – Entsorgung

P501	Inhalt/Behälter … zuführen.

Entsorgungsratschläge (E-Sätze)

E 1	Verdünnen, in den Ausguss geben (WGK 0 bzw. 1).
E 2	Neutralisieren, in den Ausguss geben.
E 3	In den Hausmüll geben, gegebenenfalls im Polyethylenbeutel (Stäube).
E 4	Als Sulfid fällen.
E 5	Mit Calcium-Ionen fällen, dann E 1 oder E 3.
E 6	Nicht in den Hausmüll geben.
E 7	Im Abzug entsorgen.
E 8	Der Sondermüllbeseitigung zuführen (Adresse zu erfragen bei der Kreis- oder Stadtverwaltung), Abfallschlüssel beachten.
E 9	Unter größter Vorsicht in kleinsten Portionen reagieren lassen (z. B. offen im Freien verbrennen).
E 10	In gekennzeichneten Behältern sammeln: 1. „Organische Abfälle – halogenhaltig“, 2. „Organische Abfälle – halogenfrei“, dann E 8.
E 11	Als Hydroxid fällen (pH = 8), den Niederschlag zu E 8.
E 12	Nicht in die Kanalisation gelangen lassen.
E 13	Aus der Lösung mit unedlem Metall (z. B. Eisen) als Metall abscheiden (E 14, E 3).
E 14	Recycling-geeignet (Redestillation oder einem Recyclingunternehmen zuführen).
E 15	Mit Wasser vorsichtig umsetzen, frei werdende Gase absorbieren oder ins Freie ableiten.
E 16	Entsprechend den speziellen Ratschlägen für die Beseitigungsgruppen beseitigen.

Entsorgung von Chemikalienabfällen

Nach dem Experimentieren werden die Reste in die dafür vorgesehenen Sammelbehälter gegeben:

Nicht gefährliche und wasserlösliche Chemikalien	**Nicht gefährliche und feste Chemikalien**	**Säuren und Laugen**	**Giftige anorganische Chemikalien**	**Halogenfreie organische Chemikalien**	**Halogenhaltige organische Chemikalien**
z. B. Natriumchlorid, Natriumcarbonat, Wasserstoffperoxidlösung	z. B. Eisen, Indikatorpapier	z. B. Salzsäure, Natronlauge	z. B. Kupfersulfat	z. B. Petroleumbenzin, Methanol	z. B. Trichlormethan

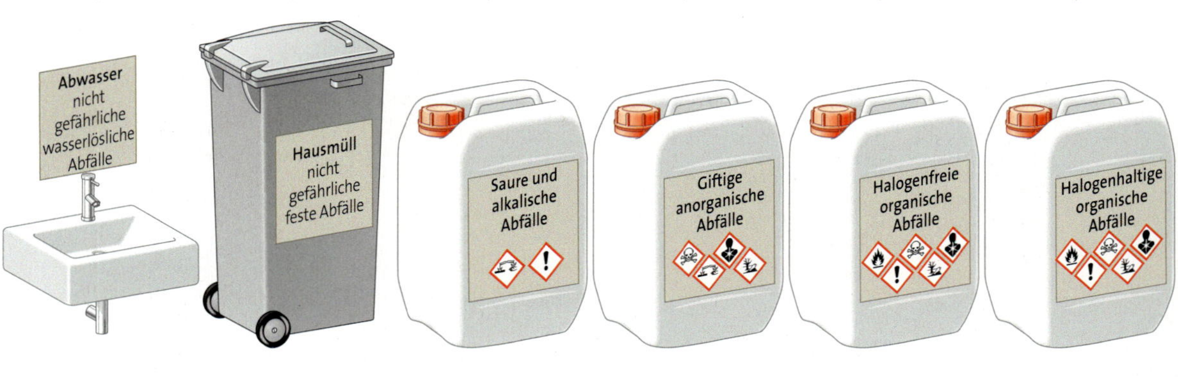

Die weitere Behandlung und Entsorgung bzw. Übergabe der Abfälle zur Sondermüllentsorgung erfolgt durch die Lehrerin bzw. den Lehrer.

Liste der Gefahrstoffe nach der GHS-Verordnung

Gefahrstoff	Signalwort	Piktogrammcode	H-Sätze und EUH-Sätze	E-Sätze
Aceton (Propanon)	Gefahr	GHS02 GHS07	H225 H319 H336 EUH066	1-10-14
Aluminium, Grieß o. Pulver (stabilisiert)	Gefahr	GHS02	H261 H228	6-9
Aluminiumbromid, wasserfrei	Gefahr	GHS05 GHS07	H290 H302 H314	2
Aluminiumchlorid, wasserfrei	Gefahr	GHS05	H314	2
Aluminiumiodid	Gefahr	GHS05	H314	2
Ameisensäure (Methansäure)				
$w \geq 90\,\%$	Gefahr	GHS02 GHS05	H226 H314	1-10
$10\,\% \leq w < 90\,\%$	Gefahr	GHS05	H314	1-10
$2\,\% \leq w < 10\,\%$	Achtung	GHS07	H315 H319	1-10
Ammoniak, wasserfrei	Gefahr	GHS04 GHS06 GHS05 GHS09	H221 H280 H331 H314 H400 EUH071	2-7
Ammoniaklösung				
$10\,\% \leq w < 25\,\%$	Gefahr	GHS05	H314 H335	2
$5\,\% \leq w < 10\,\%$	Achtung	GHS07	H315 H319 H335	2
Ammoniumcarbonat	Achtung	GHS07	H302	1
Ammoniumchlorid	Achtung	GHS07	H302 H319	2
Bariumchlorid, wasserfrei	Gefahr	GHS06	H301 H332	1-3
Bariumchloridlösung $3\,\% \leq w < 25\,\%$	Achtung	GHS07	H302	1
Bariumhydroxid, Bariumhydroxid-Octahydrat	Gefahr	GHS05 GHS07	H302 H314 H332	1-3
Bariumoxid	Gefahr	GHS06 GHS05	H301 H314 H332	1-3
Benzoesäure	Achtung	GHS07	H302 H319	10-12
Blei (bioverfügbar)	Gefahr	GHS08 GHS07 GHS09	H360Df H302 H332 H373 H410	8
Blei(II)-acetat	Gefahr	GHS08 GHS09	H351 H360Df H373 H410	8-14
Brom	Gefahr	GHS06 GHS05 GHS09	H330 H314 H400	16
Bromethan (Ethylbromid)	Gefahr	GHS02 GHS08 GHS07	H225 H302 H332 H351	10
Bromthymolblaulösung (ethanolisch, $w = 0{,}1\,\%$)	Gefahr	GHS02	H225	10
Bromwasser $1\,\% \leq w < 5\,\%$	Gefahr	GHS06	H311 H330	16
Bromwasserstoff	Gefahr	GHS04 GHS06 GHS05	H280 H314 H331	2
n-Butan	Gefahr	GHS02 GHS04	H220 H280	7
Butan-1-ol	Gefahr	GHS02 GHS05 GHS07	H226 H302 H335 H315 H318 H336	10
Butansäure (Buttersäure)	Gefahr	GHS05	H314	10
Calcium	Gefahr	GHS02	H261 EUH014	15
Calciumcarbid	Gefahr	GHS02	H260	15-16
Calciumchlorid	Achtung	GHS07	H319	1
Calciumhydroxid (Löschkalk)	Gefahr	GHS05 GHS07	H315 H318 H335	2
Calciumoxid	Gefahr	GHS05 GHS07	H315 H318 H335	2
Chlor	Gefahr	GHS03 GHS04 GHS06 GHS09	H270 H280 H330 H319 H335 H315 H400 EUH071	16
Chlorethan (Ethylchlorid)	Gefahr	GHS02 GHS04 GHS08	H220 H351 H412	16
Chlormethan (Methylchlorid)	Gefahr	GHS02 GHS04 GHS08	H220 H351 H373	7-12
Chlorwasser, gesättigt $w \approx 0{,}7\,\%$	Achtung	GHS07	H332	16
Chlorwasserstoff	Gefahr	GHS04 GHS06 GHS05	H280 H331 H314 EUH071	2
Citronensäure	Gefahr	GHS05	H318	3
Dibenzoylperoxid	Gefahr	GHS02 GHS07	H242 H319 H317	10-12

w: Massenanteil

Gefahrstoff	Signalwort	Piktogrammcode	H-Sätze und EUH-Sätze	E-Sätze
Diethylether (Ether)	Gefahr	GHS02 GHS07	H224 H302 H336 EUH019 EUH066	9-10-12
Eisen, Pulver	Gefahr	GHS02	H228	3
Eisen(III)-chlorid	Gefahr	GHS05 GHS07	H302 H315 H317 H318	2
Eisen(II)-sulfat, Eisen(II)-sulfatlösung $w \geq 25\,\%$	Achtung	GHS07	H302 H319 H315	2
Eisen(II)-sulfid	Achtung	GHS09	H400 EUH031	8
Essigsäure (Ethansäure) $w \geq 90\,\%$	Gefahr	GHS02 GHS05	H226 H314	2-10
$25\,\% \leq w < 90\,\%$	Gefahr	GHS05	H314	2-10
$10\,\% \leq w < 25\,\%$	Achtung	GHS07	H319 H315	2-10
Essigsäureanhydrid	Gefahr	GHS02 GHS05 GHS07	H226 H332 H302 H314 H335	2-10
Essigsäureethylester (Ethylacetat)	Gefahr	GHS02 GHS07	H225 H319 H336 EUH066	10-12
Ethan	Gefahr	GHS02 GHS04	H220 H280	7
Ethanal (Acetaldehyd)	Gefahr	GHS02 GHS08 GHS07	H224 H351 H319 H335	9-10-12-16
Ethanallösung (Acetaldehydlösung) $w \geq 10\,\%$	Achtung	GHS08 GHS07	H351 H319 H335	9-10-12-16
Ethandiol	Achtung	GHS07	H302	1-10
Ethanol (Brennspiritus)	Gefahr	GHS02	H225	1-10
Ethen (Ethylen)	Gefahr	GHS02 GHS04 GHS07	H220 H280 H336	7
Ethin (Acetylen)	Gefahr	GHS02 GHS04	H220 H280 EUH006	7
Fehling'sche Lösung I	Achtung	GHS07	H302 H319 H315 H410	8
Fehling'sche Lösung II	Gefahr	GHS05	H314	2
n-Heptan	Gefahr	GHS02 GHS08 GHS07 GHS09	H225 H304 H315 H336 H410	10-12
Hexan-1-ol	Achtung	GHS07	H302	10

Gefahrstoff	Signalwort	Piktogrammcode	H-Sätze und EUH-Sätze	E-Sätze
Hex-1-en	Gefahr	GHS02 GHS08	H225 H304	10-12
Hex-1-in	Gefahr	GHS02 GHS08 GHS07	H225 H304 H315 H319 H335	10-12
Iod	Achtung	GHS07 GHS09	H332 H312 H400	1-16
Iodwasserstoff	Gefahr	GHS04 GHS05	H314	1
Isobutanol (2-Methylpropan-1-ol)	Gefahr	GHS02 GHS05 GHS07	H226 H315 H318 H336 H335	10
Kalium	Gefahr	GHS02 GHS05	H260 H314 EUH014	6-12-16
Kaliumcarbonat	Achtung	GHS07	H319 H315 H335	1
Kaliumchlorat	Gefahr	GHS03 GHS07 GHS09	H271 H302 H332 H411	1-6
Kaliumhydroxid (Ätzkali)	Gefahr	GHS05 GHS07	H302 H314 H290	2
Kaliumhydroxidlösung (Kalilauge) $w \geq 5\,\%$	Gefahr	GHS05 GHS07	H302 H314	2
$2\,\% \leq w < 5\,\%$	Gefahr	GHS05	H314	2
$0{,}5\,\% \leq w < 2\,\%$	Achtung	GHS07	H319 H315	2
Kaliumnitrat	Achtung	GHS03	H272	1
Kaliumnitrit	Gefahr	GHS03 GHS06 GHS09	H272 H301 H400	1-16
Kaliumpermanganat	Gefahr	GHS03 GHS07 GHS09	H272 H302 H410	1-6
Kaliumpermanganatlösung $w \geq 25\,\%$	Gefahr	GHS07 GHS09	H302 H410	1-6
Kohlenstoffmonooxid	Gefahr	GHS02 GHS04 GHS06 GHS08	H220 H280 H360D H331 H372	7
Kupfer, Pulver	Gefahr	GHS02 GHS09	H228 H410	3
Kupferacetat	Achtung	GHS07 GHS09	H302 H315 H319 H335 H410	11
Kupfer(II)-chlorid	Achtung	GHS07 GHS09	H302 H319 H315 H335 H400	11

Gefahrstoff	Signalwort	Piktogrammcode	H-Sätze und EUH-Sätze	E-Sätze
Kupfer(II)-chloridlösung 3 % ≤ *w* < 25 %	Achtung	GHS07	H302	11
Kupfer(II)-hydroxidcarbonat (Malachit)	Achtung	GHS07	H302	8-12
Kupfer(I)-oxid	Achtung	GHS07 GHS09	H302 H410	8-16
Kupfer(II)-oxid	Achtung	GHS07 GHS09	H302 H410	8-16
Kupfer(II)-sulfat, Kupfer(II)-sulfat-Pentahydrat	Achtung	GHS07 GHS09	H302 H319 H315 H410	11
Kupfer(II)-sulfatlösung *w* ≥ 25 %	Achtung	GHS07 GHS09	H302 H319 H315 H410	11
Lithium	Gefahr	GHS02 GHS05	H260 H314 EUH014	15-1
Lithiumchlorid	Achtung	GHS07	H302 H319 H315	1
Magnesium, Pulver oder Späne (phlegmatisiert)	Gefahr	GHS02	H228 H261 H251	3
Mangan(IV)-oxid (Braunstein)	Gefahr	GHS03 GHS07	H272 H332 H302	3
Methan	Gefahr	GHS02 GHS04	H220 H280	7
Methanal (Formaldehyd), wasserfrei	Gefahr	GHS06 GHS08 GHS05	H301 H311 H314 H317 H330 H351	10-12-16
Methanallösung (Formaldehydlösung) *w* ≥ 25 %	Gefahr	GHS06 GHS08 GHS05	H351 H330 H311 H301 H314 H317 H335 H370	10-12-16
5 % ≤ *w* < 25 %	Gefahr	GHS06 GHS08	H351 H331 H311 H301 H319 H315 H317 H335	1-10
0,2 % ≤ *w* < 5 %	Gefahr	GHS08 GHS07	H302 H317 H351	1-10
Methanol	Gefahr	GHS02 GHS06 GHS08	H225 H331 H311 H301 H370	1-10
Methansäure s. Ameisensäure				
Natrium	Gefahr	GHS02 GHS05	H260 H314 EUH014	6-12-16
Natriumcarbonat	Achtung	GHS07	H319	1
Natriumfluorid	Gefahr	GHS06	H301 H315 H319 EUH032	5
Natriumhydroxid (Ätznatron)	Gefahr	GHS05	H290 H314	2
Natriumhydroxidlösung (Natronlauge) *w* ≥ 2 %	Gefahr	GHS05	H290 H314	2
0,5 % ≤ *w* < 2 %	Achtung	GHS07	H315 H319	1
Natriumiodid	Achtung	GHS09	H400	6-12-16
Natriumnitrat	Gefahr	GHS03 GHS07	H272 H302	1
Natriumnitrit	Gefahr	GHS03 GHS06 GHS09	H272 H301 H400	1-16
Natriumoxalat	Achtung	GHS07	H302 H312	
Natriumsulfid	Gefahr	GHS08 GHS07 GHS09	H302 H332 H360Df H373 H410	1
n-Octan	Gefahr	GHS02 GHS08 GHS07 GHS09	H225 H304 H315 H336 H410	10-12
Octan-1-ol	Achtung	GHS07	H319	10
Oxalsäure	Achtung	GHS07	H312 H302	5
Oxalsäurelösung *w* ≥ 5 %	Achtung	GHS07	H312 H302	5
n-Pentan	Gefahr	GHS02 GHS08 GHS07 GHS09	H225 H304 H336 H411 EUH066	10-12
Pentan-1-ol	Achtung	GHS02 GHS07	H226 H315 H332 H335	10-14
Petrolether (Leichtbenzin)	Gefahr	GHS02 GHS08 GHS07 GHS09	H225 H304 H315 H336 H411	10-12
Petroleum	Gefahr	GHS08	H304	10-12
Petroleumbenzin	Gefahr	GHS02 GHS08 GHS07 GHS09	H225 H304 H315 H336 H361f H373 H411	10-12
Phenolphthaleinlösung (ethanolisch, *w* > 1 %)	Gefahr	GHS02	H225	1-10

Gefahrstoff	Signalwort	Piktogrammcode	H-Sätze und EUH-Sätze	E-Sätze
Phosphor, rot	Gefahr	GHS02	H228 H412	6-9
Phosphor(V)-oxid	Gefahr	GHS05	H314	2
Phosphorsäure $w \geq 25\,\%$	Gefahr	GHS05	H290 H314	2
$10\,\% \leq w < 25\,\%$	Achtung	GHS07	H319 H315	1
Propan	Gefahr	GHS02 GHS04	H220 H280	7
Propanal	Gefahr	GHS02 GHS07	H225 H319 H335 H315	9-10-12-16
Propan-1-ol	Gefahr	GHS02 GHS05 GHS07	H225 H318 H336	10
Propan-2-ol	Gefahr	GHS02 GHS07	H225 H319 H336	10
Propanon s. Aceton				
Propansäure (Propionsäure) $10\,\% \leq w < 25\,\%$	Gefahr	GHS02 GHS05	H326 H314	2
Resorcin (1,3-Dihydroxybenzol)	Achtung	GHS07 GHS09	H302 H319 H315 H400	10
Rohöl (synthetisch)	Gefahr	GHS02 GHS07 GHS09	H224 H315 H336 H411	10-12
Salpetersäure $w \geq 65\,\%$	Gefahr	GHS03 GHS05	H272 H290 H314	2
$5\,\% \leq w < 65\,\%$	Gefahr	GHS05	H314	2
Salzsäure $w \geq 25\,\%$	Gefahr	GHS05 GHS07	H314 H335	2
$10\,\% \leq w < 25\,\%$	Achtung	GHS07	H315 H319 H335	2
Sauerstoff	Gefahr	GHS03 GHS04	H270 H280	7
Schiffs Reagenz	Achtung	GHS07	H319 H335	2
Schwefel	Achtung	GHS07	H315	3
Schwefeldioxid	Gefahr	GHS04 GHS06 GHS05	H331 H314 H280 EUH071	7
Schwefelsäure $w \geq 15\,\%$	Gefahr	GHS05	H290 H314	2
$5\,\% \leq w < 15\,\%$	Gefahr	GHS05	H290 H319 H315	2
Schwefelwasserstoff	Gefahr	GHS02 GHS04 GHS06 GHS09	H220 H330 H400	2-7
Schwefelwasserstofflösung $0{,}1\,\% \leq w \leq 1\,\%$	Achtung	GHS07	H332	2
Schweflige Säure $w \geq 5\,\%$	Gefahr	GHS05 GHS07	H332 H314	2
$0{,}5\,\% \leq w < 5\,\%$	Gefahr	GHS07	H332 H314	
Silbernitrat	Gefahr	GHS03 GHS05 GHS09	H272 H314 H410	12-13-14
Silbernitratlösung $5\,\% \leq w \leq 10\,\%$	Achtung	GHS07	H319 H315	12-13-14
Silberoxid	Gefahr	GHS03 GHS05	H272 H314 EUH044	12-13-14
Strontiumchlorid	Achtung	GHS07	H319 H315 H335	1-11
Styrol	Achtung	GHS02 GHS08 GHS07	H226 H304 H332 H335 H319 H315 H372	10-12
Wasserstoff	Gefahr	GHS02 GHS04	H220 H280	7
Wasserstoffperoxidlösung $30\,\% \leq w < 50\,\%$	Gefahr	GHS03 GHS05 GHS07	H271 H332 H302 H314 H335	1
$8\,\% \leq w < 30\,\%$	Gefahr	GHS05 GHS07	H302 H318	1
$5\,\% \leq w < 8\,\%$	Achtung	GHS07	H332 H302 H319	1
Weinsäure	Gefahr	GHS05	H138	1-10
Zink, Pulver o. Staub (stabilisiert)	Achtung	GHS09	H410	3
Zinkbromid	Gefahr	GHS05 GHS09	H314 H410	1-11
Zinkchlorid	Gefahr	GHS05 GHS07 GHS09	H302 H314 H335 H410	1-11
Zinkchloridlösung $5\,\% \leq w < 10\,\%$	Achtung	GHS07	H319 H315	1-11
Zinkiodid	Gefahr	GHS07	H319 H315	12-16
Zinkoxid	Achtung	GHS09	H410	3
Zinksulfat, wasserfrei	Gefahr	GHS05 GHS07 GHS09	H302 H318 H410	1-11
Zinn(II)-chlorid	Achtung	GHS07	H302 H315 H317 H319 H335	1-11

Einfache Laborgeräte

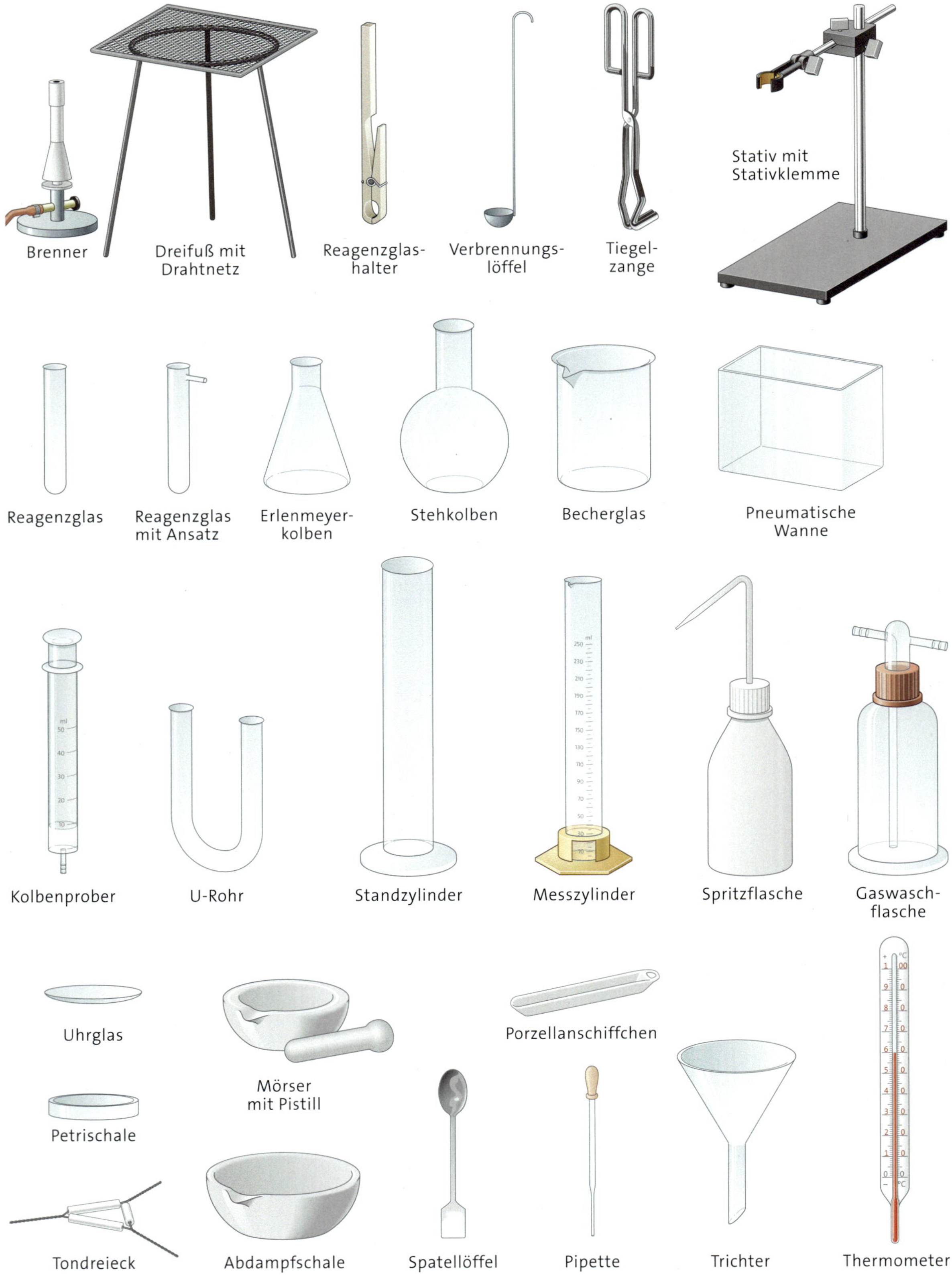

Wichtige Größen in der Chemie

Größen in der Chemie

Größe	Formelzeichen	Einheit
Masse	m	kg, g
Volumen	V	m^3, ℓ
Stoffmenge	n	mol
molare Masse	M	g/mol
molares Volumen	V_m	ℓ/mol
Teilchenanzahl	N	1
Dichte	ϱ	kg/m^3, g/cm^3, g/ℓ
Massenanteil	w	1, %
Volumenanteil	φ	1, %
Massenkonzentration	β	g/ℓ
Stoffmengenkonzentration	c	mol/ℓ
Temperatur	T, ϑ	K, °C

Größengleichungen in der Chemie

Dichte	$\varrho = \frac{m}{V}$ $\varrho = \frac{M}{V_m}$
molare Masse	$M = \frac{m}{n}$
molares Volumen	$V_m = \frac{V}{n}$
Massenanteil	$w(\text{Stoff}) = \frac{m(\text{Stoff})}{m(\text{Stoffgemisch})}$
Volumenanteil	$\varphi(\text{Stoff}) = \frac{V(\text{Stoff})}{V(\text{Stoffgemisch})}$
Massenkonzentration	$\beta(\text{Stoff}) = \frac{m(\text{Stoff})}{V(\text{Stoffgemisch})}$
Stoffmengenkonzentration	$c(\text{Stoff}) = \frac{n(\text{Stoff})}{V(\text{Stoffgemisch})}$

Vorsätze von Einheiten (Auswahl)

Vorsatz	Kurzzeichen	Faktor, mit dem die Einheit multipliziert wird	
Giga	G	1 000 000 000	(10^9)
Mega	M	1 000 000	(10^6)
Kilo	k	1 000	(10^3)
Hekto	h	100	(10^2)
Dezi	d	0,1	(10^{-1})
Zenti	c	0,01	(10^{-2})
Milli	m	0,001	(10^{-3})
Mikro	µ	0,000 001	(10^{-6})
Nano	n	0,000 000 001	(10^{-9})

Konstanten in der Chemie

Normdruck p_n	$p_n = 1013\,\text{hPa}$
Normtemperatur T_n	$T_n = 273{,}15\,\text{K}$
Molares Volumen eines idealen Gases im Normzustand $V_{m,n}$	$V_{m,n} = 22{,}4$ ℓ/mol
Avogadro-Konstante N_A	$N_A = 6{,}022\,1367 \cdot 10^{23}\,\text{mol}^{-1}$

Register

Bildnachweis

Umschlag: Fotolia/Mika Specta
Agentur Focus/SPL: 84/1 (Rubidium), 84/1 (Caesium) | akg-images: 12/2 | Bahro, K., Berlin: 45/3, 52/2 | Bayer AG, Leverkusen: 111/4 | BMW AG, München: 63/4 | Brauns-Heitmann GmbH & Co KG, Warburg: 98/2 | Bridgeman Art Library/Wolfgang Neeb: 93/1 | Corbis/Scientifica/Visuals Unlimited: 41/2 | Corbis/Teubner Foodfoto/the food passionates: 69/2 | Corbis/The State Hermitage Museum, St. Petersburg, Russia: 25/3 | Corbis/Visuals Unlimited: 75/6 | Corbis/Yves Forestier/Sygma: 29/4 | Cornelsen Schulverlage GmbH: 43/A1, 79/2 o, 79/2 u, 92/3 | Daimler AG: 60/2, 62/2 | Dassow, H., Griesheim: 40/2 | Deutsche Bahn AG: 20/1 | Digitalstock/F. Aumüller: 104/2 re | DLR: 60/1 | Döring, V., Hohen Neuendorf: 24/1, 54/1 li, 56/2, 74/2, 78/1, 79/1, 80/1, 84/1 (Lithium), 84/1 (Natrium), 84/1 (Kalium), 85/1 (Lithium), 85/1 (Natrium), 85/1 (Kalium), 85/1 (Rubidium), 85/1 (Caesium), 86/2 li, 86/2 re, 87/5, 88/1, 91/3, 92/1, 92/2, 98/3 re, 99/5, 99/6, 102/2, 106/2 (Eisen), (Kupfer), (Magnesium), (Zink), 109/1 | Fotex/Camerique: 52/1 | Fotex/Rex Interstock: 17/5 | Fotolia/Andreas Edelmann: 105/5 | Fotolia/apttone: 38/2 o | Fotolia/Barbara Pheby: 98/3 li | Fotolia/Bill Gabbert: 26/1 | Fotolia/bofotolux: 22/1 | Fotolia/Brent Hofacker: 95/2 | Fotolia/f9photos: 35/2 | Fotolia/flyingcowboy: 69/1 | Fotolia/fotoart-wallraf: 83/1 | Fotolia/iLight foto: 106/3 | Fotolia/Max Bimboese: 66/1 | Fotolia/Mika Specta: 9/2 | Fotolia/Rainer Albiez: 19/1 | Fotolia/Robert Hoetink: 9/3 | Fotolia/Thomas Leiss: 59/4 | Fotolia/unpict: 75/5 | Fotolia/Vely: 69/3 | Fotolia/VRD: 35/3 | Getty images/Bloomberg: 72/2 | GlowImages/Steve Vidler/age fotostock: 4/2, 34/1 | imago/Xinhua: 105/6 | Institut für Arbeitsschutz der Deutschen Gesetzlichen Unfallversicherung (IFA): 28/3 | iStockphoto: 108/1 | iStockphoto/Florea Marius Catalin: 68/2 | iStockphoto/robynmac: 95/1 | iStockphoto/studiocasper: 54/1 re | iStockphoto/Ulrich Knaupe: 104/2 mi | Keller, Gerlinde: 115/C1, 115/C2, 115/C3 | Kretschmer, K.: 73/5 | laif/Patrick LE FLOCH/EXPLORER: 110/1 | Mahler, H., Fotograf, Berlin: 74/3 | mauritius images/ib/Angelika Antl: 95/3 | mauritius images/ib/Christian Handl: 10/2 | mauritius images/ib/Heiner Heine: 114/B1 | mauritius images/Novarc: 73/4 | mauritius images/V&A Images: 115/D1 | NASA: 10/1, 12/1, 32/A1 li, 63/5 | OKAPIA/GIPhotostock/NAS: 61/2 | OKAPIA/J-L Klein & M-L Hubert: 45/1 | panthermedia/Daniel Schoenen: 26/3 | Photoshot: 80/2 | picture alliance/Reinhard Dirscherll: 76/1 | picture-alliance: 108/2 | picture-alliance/dpa: 4/3, 5/1, 44/1, 68/1, 102/1, 106/1 | picture-alliance/OKAPIA KG, Germany: 91/2 | picture-alliance/ZB: 26/2, 32/A1 re, 83/2, 86/1 | Prof. Rüter, H.: 105/4 | Rauschert: 91/2 | Regionalverkehr Köln GmbH: 62/3 | Rheinmetall Air Defence AG: 114/A1 | Schuchardt, W. Göttingen: 86/3 | Seilnacht, Thomas: 38/2 u, 40/3, 103/7, 110/2 | shutterstock/Alina Vasilescu: 83/3 | shutterstock/Barnaby Chambers: 104/1 | shutterstock/Bill Ramsden: 45/2, 48/1 | shutterstock/chbaum: 35/1 | shutterstock/Dima Fadeev: 9/1 | shutterstock/Dragan Milovanovic: 5/3, 82/1 | shutterstock/Gwoeii: 4/1, 8/1 | shutterstock/Javarman: 110/3 | Shutterstock/lsantilli: 28/1 | shutterstock/Madlen: 98/1 | Shutterstock/Tomaz Kunst: 11/5 | shutterstock/Triff: 50/3 | shutterstock/Viktor1: 5/2, 94/1 | shutterstock/witchcraft: 104/2 li | Söchting Biotechnik GmbH: 67/1 | StockFood/Urban, Martina: 74/1 | TU Bergakademie Freiberg: 40/4 | ullstein bild: 72/1 | ullstein bild – amw: 62/1 | Ute Grabowsky/photothek.net: 108/4 | Varta: 108/3 u, 108/3 o | Wenschkewitz, Gerhard, Dr.: 48/3 | WEYERGANS HIGH CARE AG: 16/1 | Wilhelm, S., Berlin: 17/4

Periodensystem der Elemente

Metall
Halbmetall
Nichtmetall

schwarz = Feststoff
weiß = Flüssigkeit
rot = Gas
hellblau = künstliches Element
* = radioaktives Element

[1] = Gruppennummerierung IUPAC (1989): Gruppennummern 1 bis 18
[2] = vorläufiges IUPAC-Symbol

Periode	1[1] I. Hauptgruppe	2 II. Hauptgruppe	3 III. Nebengruppe	4 IV. Nebengruppe	5 V. Nebengruppe	6 VI. Nebengruppe	7 VII. Nebengruppe	8 VIII. Nebengruppe	9 VIII. Nebengruppe
1	1 1,008 2,1 H Wasserstoff								
2	3 6,94 1,0 Li Lithium	4 9,01 1,5 Be Beryllium							
3	11 22,99 0,9 Na Natrium	12 24,31 1,2 Mg Magnesium							
4	19 39,10 0,8 K Kalium	20 40,08 1,0 Ca Calcium	21 44,96 1,3 Sc Scandium	22 47,88 1,5 Ti Titan	23 50,94 1,6 V Vanadium	24 51,996 1,6 Cr Chrom	25 54,94 1,5 Mn Mangan	26 55,85 1,8 Fe Eisen	27 58,93 1,8 Co Cobalt
5	37 85,47 0,8 Rb Rubidium	38 87,62 1,0 Sr Strontium	39 88,91 1,3 Y Yttrium	40 91,22 1,4 Zr Zirconium	41 92,91 1,6 Nb Niob	42 95,94 1,8 Mo Molybdän	43 [98] 1,9 Tc* Technetium	44 101,07 2,2 Ru Ruthenium	45 102,91 2,2 Rh Rhodium
6	55 132,91 0,7 Cs Caesium	56 137,33 0,9 Ba Barium	57 138,91 1,1 La • Lanthan	72 178,49 1,3 Hf Hafnium	73 180,95 1,5 Ta Tantal	74 183,84 1,7 W Wolfram	75 186,21 1,9 Re Rhenium	76 190,23 2,2 Os Osmium	77 192,22 2,2 Ir Iridium
7	87 [223] 0,7 Fr* Francium	88 226,03 0,9 Ra* Radium	89 227,03 1,1 Ac* •• Actinium	104 [261] Rf* Rutherfordium	105 [262] Db* Dubnium	106 [266] Sg* Seaborgium	107 [264] Bh* Bohrium	108 [277] Hs* Hassium	109 [268] Mt* Meitnerium

Ordnungszahl: 7 — Atommasse in u: 14,007 — Elektronegativitätswert: 3,0 — Symbol: N — Name: Stickstoff

Die Atommassen in eckigen Klammern beziehen sich auf das längstlebige gegenwärtig bekannte Isotop des betreffenden Elements.

• Elemente der Lanthanreihe (Lanthanoide)

Periode					
6	58 140,12 1,1 Ce Cer	59 140,91 1,1 Pr Praseodym	60 144,24 1,2 Nd Neodym	61 [145] 1,2 Pm* Promethium	62 150,36 1,2 Sm Samarium

•• Elemente der Actiniumreihe (Actinoide)

Periode					
7	90 232,04 1,3 Th* Thorium	91 231,04 1,5 Pa* Protactinium	92 238,03 1,7 U* Uran	93 [237] 1,3 Np* Neptunium	94 [244] 1,3 Pu* Plutonium